安曇野の産業遺産

―技術史展望―

北野　進

アグネ技術センター

安曇野と拾ヶ堰（じっかせぎ）

文化 13 年（1816）に造られた灌漑用水路・拾ヶ堰
奈良井川から取水して常念岳の方向へ流れ烏川まで
全長約 15 km の用水路が安曇野を潤している

御時計師・渡辺虎松と和時計

天保 5 年（1834）渡辺虎松作の和時計と内部の歯車機構
長野県東筑摩郡朝日村古見の古川寺所蔵

臥雲辰致（がうんときむね）とガラ紡機の発明

臥雲辰致　56 歳頃（明治 30 年）

内國勸業博覽會

明治十年

鳳紋褒賞之證状

長野縣管下

臥雲辰致

木綿糸機械

明治十年十一月二十日

内務卿従三位大久保利通

明治 10 年（1877）の内国勧業博覧会
に鳳紋褒賞（最優秀賞）を受賞した

住職をつとめた寺の山号「臥雲」を姓
として明治時代に発明家となった

安曇最初の電気・宮城（みやしろ）発電所

明治 37 年（1904）に創設された中房川の宮城発電所
現在は中部電力・宮城第一発電所

日本現役最古の水車　VOITH（フォイト）
銘板に「No.1433 J.M.VOITH HEIDENHEIM 1903」とある

高瀬川電力開発と森矗昶（もりのぶてる）

記念碑「アルミニウム発祥の地」
昭和電工・大町工場正門脇に
昭和 39 年(1964)10 月 6 日建立
(『昭和電工アルミニウム五十年史』から)

大町市と昭和電工

大町エネルギー博物館に保存された回転交流機
(1931 年～ 1985 年　昭和電工で使用)

まえがき

令和元年・二〇一九年の節目にあたり、二〇〇七年五月に近代文藝社より刊行した『安曇野の近代化遺産―技術史再考―』を『安曇野の産業遺産―技術史展望―』と改題し、改めて上梓することにした。『安曇野の近代化遺産』の出版が契機となったか、「安曇最初の電気・宮城発電所」現在の中部電力宮城第一発電所の水車ＶＯＩＴＨ（フォイト）と発電機ＳＩＥＭＥＮＳ（シーメンス）とが二〇〇七年十一月に経済産業省の「近代化産業遺産」に認定された。その後、二〇一六年にはアメリカの出版社が主催する「水力発電の殿堂」入りを果たし、世界的に評価されてきた。

また、二〇一五年には、約二百年前につくられた安曇平の潅漑用水路・拾ヶ堰が「世界潅漑施設遺産」にフランス・モンペリエ市の国際会議（第六十六回）で審査・登録され、「登録証」が授与された。その翌年、タイ・チェンマイの国際会議（第六十七回）で「世界潅漑施設遺産登録記念盾」が授与され、その価値が増大している。それぞれの近代化遺産・産業遺産について、私は史実を正確に記述し史料を添えて、技術史の立場から説得力のある論考にまとめた。明確な物語・ストーリーに仕上げることが大切である。その意味でも私の既刊書籍や論文が役立ってきた。

本書『安曇野の産業遺産―技術史展望―』では、安曇平の一地域の近代化遺産、江戸時代から明治、大正、昭和時代（敗戦まで）の技術文化を探求し、日本全体の技術史を洞察・展望できるものに仕上げてみた。安曇平が育んできた地域文化、技術文化を正しく記録しておきたいと考えている。安曇平の過去二百年には様々なことがあった。しかし文化遺産の中で郷土から忘れられている優れた技術文化が幾つかあった。その文化遺産に光を当てれば、二十一世紀を生きる日本人に役立ち、今後の技術史や地域文化の土台を固めることになると思っている。

本当の技術文化・文化遺産とは何かに少し触れておきたい。長い間、私は技術文化を研究してきた。一例をあげれば、安曇野の誇る荻原守衛・碌山の彫刻「女」は、明治四十三年（一九一〇）の第四回文部省美術展覧会にブロンズ像「碌山作　安曇鋳」として出品された。当時、東京美術学校鋳造科の学生、山本菊一・安曇が鋳造した作品であった。それが受賞・政府買い上げ品となり、現在は東京国立近代美術館に所蔵・展示されている。

この作品、ブロンズ像「女」（碌山作　安曇鋳）は二〇一〇年の秋には百十年の節目を迎える近代化遺産、文化遺産の一つである。これが歴史の真価を今に伝える正真正銘の文化遺産である。ところが昭和四十二年（一九六七）に「女」の石膏原型（東京国立博物館所蔵）を重要文化財に指定してしまった。それは展覧会の審査員・大熊氏廣（靖国神社の大村益次郎銅像の作者）の目に留まった作品とは別物である。当然、重要文化財指定は歴史の「虚」（東京国立博物館所蔵）から「実」（東京国立近代美術館所蔵）へ指定変更すべきものである。

このことについて、雑誌『金属』ＶＯＬ．７２．ＮＯ．３（二〇〇二年三月号、アグネ技術センター）北野進「大村益次郎の銅像について―美術鋳造法・技術転換期の史料―」を参照して頂きたい。また北野進著『安曇と碌山』（一九八二年初版、一九九八年増補版、出版安曇野）に二人の関係は詳述している。

さて、日本の技術文化の中で、安曇野にかかわるユニークな技術開発が幾つかあった。「技術は人なり」といわれるが、「ものづくりは人」とその「時代性」にあると思っている。本書『安曇野の産業遺産』では、歴史年代の古いものから、次の五つのテーマを選んで記述することにした。

「第一章　安曇野と拾ヶ堰」では、江戸時代の文化十三年（一八一六）に潅漑用水路・拾ヶ堰を造った人々に触れてみたい。そこに米どころ安曇野の文化の原点が潜んでいる。「第二章　御時計師・渡辺虎松と和時計」では、江戸時代に機械時計をつくった渡辺虎松の仕事について記述する。南安曇郡梓川村出身であり、松本藩の御時計師として活躍したことは殆ど知られていない。「第三章　臥雲辰致（がうんときむね）とガラ紡機の発明」では、堀金村出身の発明家で明治十年（一八七七）の第一回内国勧業博覧会に出品し最優秀賞・鳳紋褒賞を受賞した臥雲辰致の優れた業績に触れる。そのガラ紡機は安城市歴史博物館（愛知県安城市安城町城堀三〇番地）で平成六年（一九九四）に復元され展示している。また、令和元年（二〇一九）の現在、愛知県一宮市の木玉毛織がガラ紡機を稼働し生産を継続している。

「第四章　安曇最初の電気・宮城発電所」では、明治三十七年（一九〇四）に創設された安曇電気株式会社の中房川の宮城発電所（現、中部電力・中房川宮城第一発電所）に触れる。そこには一九〇三年、ドイツ製の水車・ＶＯＩＴＨと発電機ＳＩＥＭＥＮＳとが日本現役最古として今も稼働している。「第五章　高瀬川電力開発と森矗昶」では、東信電気株式会社の建設部長・森矗昶（のぶてる）（のちの昭和電工社長）が大町に常駐して精力的に仕事をした業績を記述する。大正十二年（一九二三）の夏以来、高瀬川第二、第三、第四、第五発電所を二年半の間に建設した。その延長線上で、昭和五十四年（一九七九）六月に建設された東京電力・新高瀬川発電所（百二十八万kW）はロックフィル式の高瀬ダムと七倉ダム、国土交通省の大町ダムを利用した新高瀬川発電所、中の沢発電所（四千二百kW）、大町発電所（一万三千kW）に生まれ変わった。森矗昶が陣頭指揮した発電所も二〇一九年の今は高瀬川第一発電所（現在は三千三百kW）と第五発電所（現在は六千六百kW）を残す文化遺産である。当時の困難な導水路・トンネル工事などを現地に知ることもできる。同時に、昭和電工大町工場正門脇に建つ記念碑「アルミニウム発祥の地」を支えた電気エネルギーであった。

以上、紙幅の関係から五つのテーマ・史実に限定したが、安曇平出身の臼井吉見著『安曇野』の中には書かれなかった近代化遺産、産業遺産である。安曇野の文化を担う土台のような業績かも知れない。何か参考になれば幸いである。

北野　進

目次

第三章　臥雲辰致とガラ紡機の発明

第四章　安曇最初の電気・宮城発電所

第五章　高瀬川電力開発と森矗昶

安曇野の産業遺産

―技術史展望―

第一章　安曇野と拾ヶ堰

日本疏水百選の拾ヶ堰

平成十八年（二〇〇六）二月に安曇平の拾ヶ堰（じっかせぎ）が日本の疏水百選の一つに選ばれた。それは前年以来、水土里（みどり）ネットワークの全国的な投票結果を集計して決定されたのである。長野県では、拾ヶ堰、五郎兵衛用水、善光寺平用水、塩沢堰、八ヶ郷用水の五つが全国の疏水百選に位置づけられた。米どころ信州の人々は、江戸時代に灌漑用水路を開拓してきた先人に対して、大いに感謝しなければならない。この時期に拾ヶ堰の歴史を振り返ることは日本の農業問題と二十一世紀の食料を考える上でも大切であろう。

さて、拾ヶ堰は約二百三年前の江戸時代、文化十三年（一八一六）に安曇平の灌漑用水路として造られていた。私が拾ヶ堰の測量技術に関心を持つようになったのは、松本工業高校に転勤した昭和五十五年（一九八〇）の春であった。当時、彫刻家・荻原碌山の「女」の像を鋳造した山本安曇（東京美術学校学生）の史実を解明し、『安曇と碌山』（一九八二年発行、出版安曇野）の原稿を仕上げたころであった。偶然にも穂高町柏原の中島信夫の家で測量器と古文書（中島輪兵衛の記録）を見たのが最初であった。

小説『安曇野』（筑摩書房発行）という題名の本を書いた著者・臼井吉見は、この地方（長野県南安曇郡堀金村）の出身であった。小説の内容や時代背景などの相違からか、渡良瀬川や足尾銅山の鉱毒などに触れながら、故郷の安曇野を潤す拾ヶ堰を想起することもなく『安曇野』の中には何も書いていない。私は「拾ヶ堰なしには安曇野の文化は創造されなかったのではないか」と疑問を抱くようになった。それを契機に『安曇野と拾ヶ堰』という研究テーマを選んだ。小説『安曇野』の中で一行も書かれなかった不思議な拾ヶ堰、その草創期について技術史的課題の解明を試みることにした。

その後、長い時間をかけて纏めた『安曇野と拾ヶ堰――中島輪兵衛の記録――』（平成五年・一九九三年発行、出版安曇野）という題名の本が地元から発刊された。今回その増補版がつくられ、二〇〇六年には拾ヶ堰は百九十歳、二〇一六年には二百歳を迎えた。その意味では、拾ヶ堰は今日の安曇野の文化の動脈であり、水と緑の美しい安曇野は拾ヶ堰の約二百年の歴史に支えられて発展してきた。

たまたま二〇〇五年十月に発足した安曇野市（豊科町、三郷村、堀金村、穂高町、明科町が合併）は灌漑用水路・拾ヶ堰に深い関係をもつ町村の合併である。新しい時代の幕開けにあたり、先人が安曇平の開拓・拾ヶ堰創設に尽力してきた史実を再評価する時期が到来した。

拾ヶ堰とは

拾ヶ堰とは、前述のように江戸時代の文化十三年（一八一六）に完成し、安曇平（長野県南安曇郡）の拾ヶ村に関係する灌漑用水路の名前である。この場合の堰（せぎ）という言葉は用水路全体を呼んでいる。その何よりの証拠には、国土地理院の五万分の一の地形図「松本」でも、水路に沿って「拾ヶ堰」と明記されている。このことは間違いなく安曇平において「せぎ」は水路の全体を呼んできたことを意味している。信州や東北地方では小さい用水路も「せぎ」とか「せんげ」とか言って、「堰」は用水路を意味してきた。今日の土木学会の用語では堰（せき）は「せき止めるものの構造物」としているが、江戸時代には川の流れの本流をせき止めるような強固な構造物を造ることは技術的に困難であった。牛枠（木材を三叉に組んだ工作物）や蛇籠（竹や柳で編んだ籠、その中に石を詰める）などを利用して先人は治水・利水に役立てていた。川の流れの一部に石積みをして、「頭首工（とうしゅこう）」を造っている。ここに技術的な発展段階の歴史が潜んでいる。

今日でも、水の取り入れ口を「頭首工」と呼ぶ習慣は農林水産省に残っている。「取水口（しゅすいこう）」と呼ぶのは建設省・国土交通省である。ここに歴史の変遷を知ることもできる。川の本流に「頭首工」をつくり、次第に嵩上げした水路をつくって分流する工法を「拾ヶ堰」では工夫していた。したがって、用水路には取り入れ口から少し離れた位置に簡単な水門をつくることはあったが、強固な構造物を設けることはできなかった。そのように今日的な言葉の「堰」は江戸時代には別の意味をもっていた。江戸時代の古文書に書かれている「拾ヶ堰」という文字は用水路全体を呼び、それは今日でもそのまま継承されている。

　この拾ヶ堰は約二百三年前の先人の努力の結晶として開鑿され、灌漑面積約一千ヘクタール、今日でも依然として利用されている。昨今、お米の銘柄米、安曇平の一級品「こしひかり」「しなのこがね」をはじめ、日本を代表する銘酒の原料米「たかね錦」「美山錦」なども拾ヶ堰の用水の恩恵に浴するものである。長野県屈指の米どころ安曇野を形成し、美しい北アルプスの山麓に、水と緑の豊かな田園と地方文化・安曇野の文化を育ててきた。そのことは拾ヶ堰の創設と存在が大きく影響している。

　その人工的な用水路・拾ヶ堰は現在の松本市島内地籍で奈良井川の水を取水している。この奈良井川は信濃川の上流・犀川、その犀川上流の川であり、梓川とは別に木曾方面から松本平へ流れてくるので、古文書には木曾川と記録されている。その川の水を取水して梓川を横断して流れ（大正年代から地下トンネルの逆サイホン式に改良）、烏川に至る全長約十五キロメートルの豊かな流れとして安曇平を今も潤している。灌漑する地域、拾ヶ村の名前を列記すれば、吉野村、成相町村、新田町村、上堀金村、下堀金村、柏原村、矢原村、等々力町村、保高町村、保高村であった。これらの拾ヶ村が拾ヶ堰の名前の起源につながっている。その後の行政区画の変遷を経て、今日では流れる区域は松本市、安曇野市（豊科町、三郷村、堀金村、穂高町を流れる四町村と明科町とが合併）とそれぞれ市町村名は昔

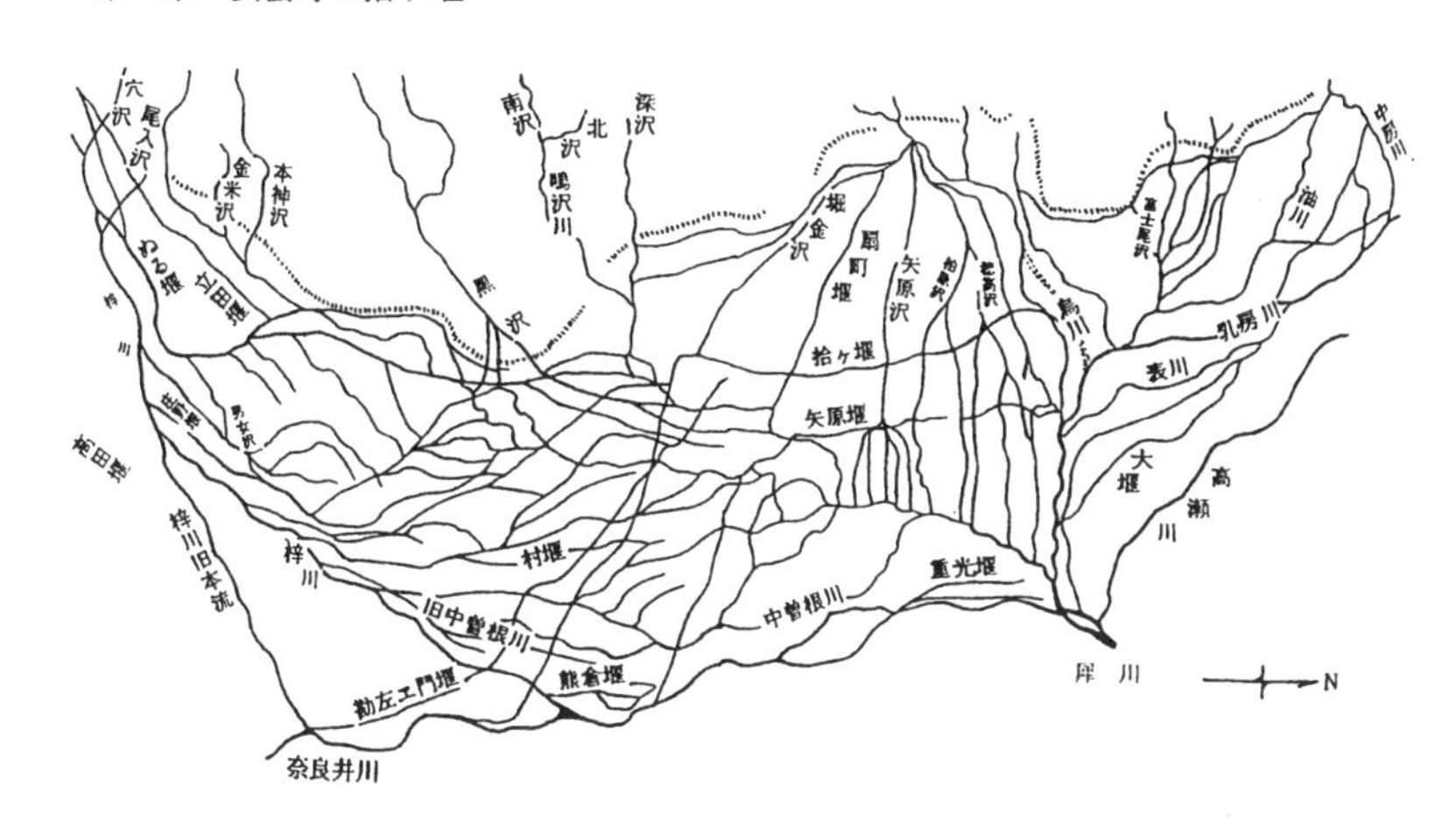

安曇平の灌漑用水路

の名前と変わってきたが、拾ヶ堰の流れ、堰筋はいささかも変化していない。安曇平の人々の生命をつなぐ動脈がこれである。

江戸時代に、その拾ヶ堰がどのような測量技術・土木技術を背景につくられてきたか、これらを解明した文献はなかった。たまたま当時の長百姓・中島輪兵衛の子孫、中島信夫の家に、古文書（中島輪兵衛の記録）・測量器・測量図面が保存されていた。その第一級史料を前述した昭和五十五年（一九八〇）に私が預かって以来、十余年間、その謎の測量技術の真相を研究してみた。

「拾ヶ堰」の計画から完成まで

自然の川の流れから分流し、ほぼ縦に流れる小川・「せんげ」を安曇平の随所に見ることができる。それを縦堰と呼ぶ人もいるが、人々は昔から水田を開拓し、灌漑する用水路を様々に工夫してきた。農業生産の拡大につれて、耕地面積を大きくするように、緩やかな流れ・横堰を試みる時代がやってきた。

安曇平の代表的な横堰には矢原堰や勘左衛門堰などがある。矢原堰は南安曇郡矢原村（穂高町矢原）の臼井弥三郎が犀川に水源を求めて矢原堰を改修し、承応二年（一六五三）に開通した史実がある。また勘左衛門堰は、当時の代官・二木勘左衛門の名前を残す堰であるが、約三百三十年前の貞享二年（一六八五）に開鑿が行われ、百年ほどたって寛政十年（一七九八）に平倉六郎右衛門が掘り継ぎに着手した。二年余の歳月をかけて寛政十二年（一八〇〇）に通水に成功したといわれる。このような土着技術の蓄積と約十年前の技術的体験が「拾ヶ堰」建設の背景に潜んでいると私は考えている。

今に残る貴重な史料・古文書（中島輪兵衛の記録）に沿って、拾ヶ堰の計画から完成までの要点を次に記述しておきたい。

文化九年（一八一二）十二月、中島輪兵衛と平倉六郎右衛門とが大庄屋・等々力孫右衛門の家に集まり大庄屋代理の孫一郎を含めて相談したのが最初である。

文化十年（一八一三）十一月上旬、最初の内見分に登場する人物は中島輪兵衛、平倉六郎右衛門、関与一右衛門、岡村勘兵衛、白澤民右衛門の五人であり、松本藩の役人は笠井金蔵、尾藤小七郎などであった。

文化十一年（一八一四）、松本藩に人事異動があり、川除方（土木掛）青木所兵衛の後任に藤沼九郎之丞、尾藤小七郎が大町部屋担当に移ったあとに柳野俊左衛門の新顔に変わった。そこで計画も拍子抜けとなったようである。

文化十一年五月に中島輪兵衛、平倉六郎右衛門、岡村勘兵衛、白澤民右衛門、関与一右衛門の五人が平瀬村の水門へ行き、安曇平を見通し、現地調査をした。

文化十一年八月十日に輪兵衛の家に等々力孫一郎（大庄屋・等々力孫右衛門の養子）、等々力村の庄屋・民右衛門、柏原村庄屋・与一右衛門、下堀金村の六郎右衛門が集まって協議した。願書を提出することにしたが、文化十二年の春まで延期することになった。

文化十二年（一八一五）五月、中島輪兵衛が中心になって測量図面が作成され、松本藩と交渉が始まった。

文化十二年八月十日から二十八日まで本格的な測量が実施された。この十九日間の測量に参加した人物は松本藩の役人では笠井金蔵、平光賢治、地元民では輪兵衛、六郎右衛門、勘兵衛、与一右衛門、民右衛門、孫一郎であった。これに数人の大工が協力した。柏原村の大工・富太郎（十四日間）、吉野村の大工・十三郎（十一日間）、下堀金村の大工・与左衛門（七日間）、下堀金村の大工・忠右衛門（三日間）、柏原村の大工・富右衛門（三日間）、保高村の大工・喜右衛門（三日間）が古文書に記録されている（次頁の古文書参照）。

文化十三年（一八一六）二月九日から工事を開始する予定であったが、大雪のため延期して二月十一日から工事を開始した。短期間の突貫工事で文化十三年五月十日に竣工した。工事参加延べ人員六万七千百十二人の人力と総工費八百十六両（内訳は、松本藩から三百両の補助金、樋橋代五十両、立退家屋二人分六両、以上は下付金。他に四百両は十年年賦で貸与の地元負担）であった。

当時の松本藩は藩主・戸田光年（みつつら）の時代であった。松本藩で献身的に仕事をした平光賢治は二十四歳頃であろう。松本の平光家に残る古文書によれば、先祖は志州・鳥羽藩（三重県）藩主・戸田光慈に仕えたが、松本へ転封とともに移った。松本に来て以来、平光志賀右衛門を名乗り、三代目の志賀右衛門・居重は文化十四年（一八一七）、拾ヶ堰完成後に六十四歳で死去した。四代目の平光志賀右衛門・居武は天保十一年（一八四〇）には五十九歳で死去した。後者の青年・平光賢治が活躍したと考えている。本書でも私は「中島輪兵衛の記録」の墨書の通り平光賢治と書いているが、平光の幼名は堅く治める「堅治」であり、賢く治める「賢治」でないことを追記しておきたい。数年前に、私の講演を聞きにきた平光家の当主・平光堅治から教えられた次第である。

ついでに、拾ヶ堰の計画・測量段階の文化九年（一八一二）から中心的に活躍した人物は六十歳の中島輪兵衛と五十三歳の平倉六郎右衛門であった。それと大庄屋・等々力孫右衛門とその養子（大庄屋代理）五十一歳の孫一郎が松

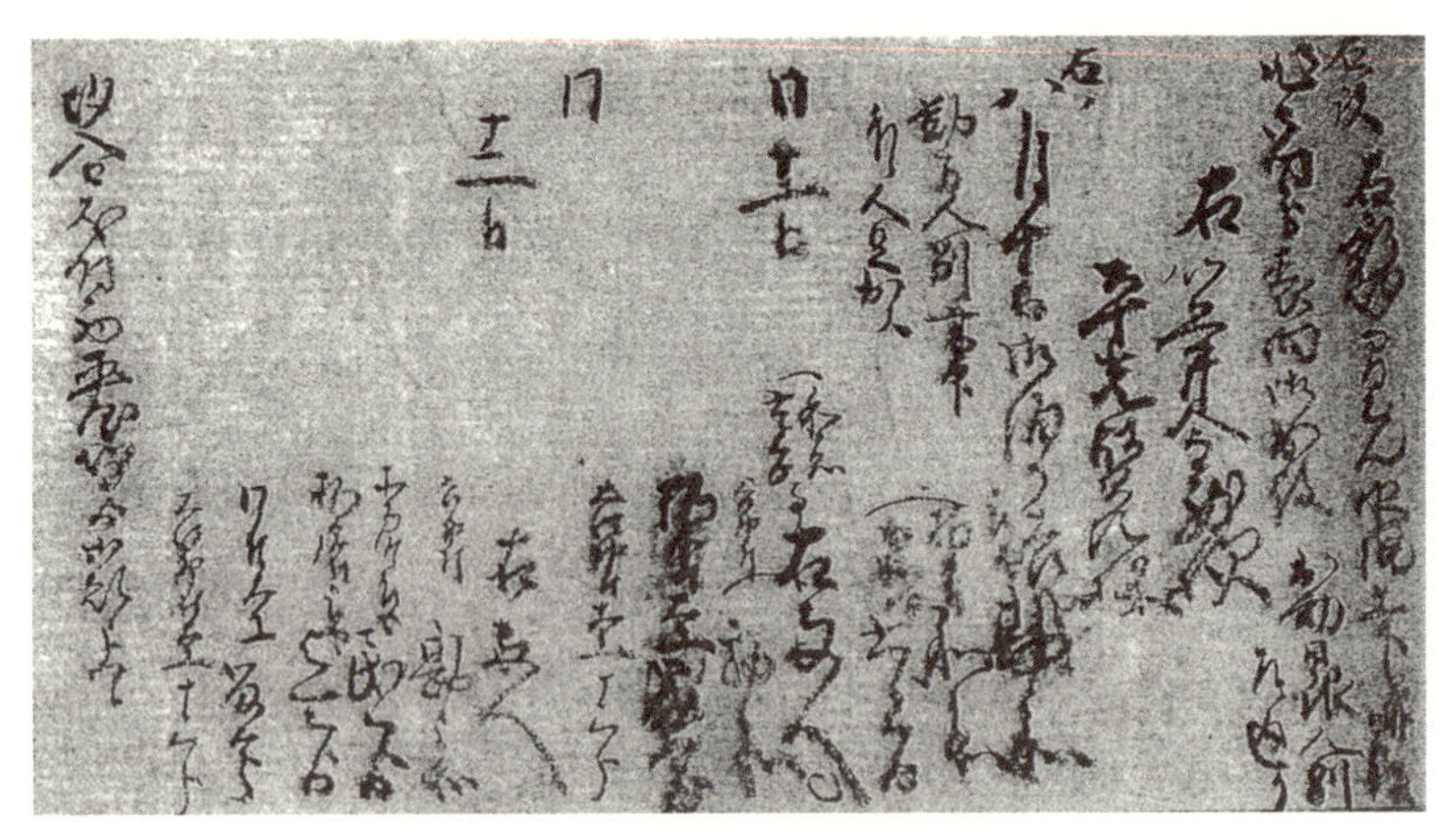

文化12年８月10日から12日の記録

右ノ沢右新堰見分水縄上下並御改メ
乍御内分表向御出役出勤日限人別
右　笠井金蔵様　　左ノ通リ
　　平光賢治様
右ノ
八月十日御泊リ吉野村庄屋勘兵衛
勤方人別書下　柏原輪兵衛
外人足出ス　下堀金村六郎ェ門
同十一日　輪兵衛
　　　　　六郎ェ門　右両人
　　　　　吉野村　　勘兵衛
　　　　　柏原村大工富太郎
　　　　　吉野村大工十三郎
　　　　　右両人
同十二日
　　　　　吉野村勘兵衛
　　　　　等々力町庄屋民右ェ門
　　　　　柏原村庄屋与一右ェ門
　　　　　同村大工　富太郎
　　　　　吉野村大工十三郎
堰入口犬飼西車屋堰ヨリ御願上候

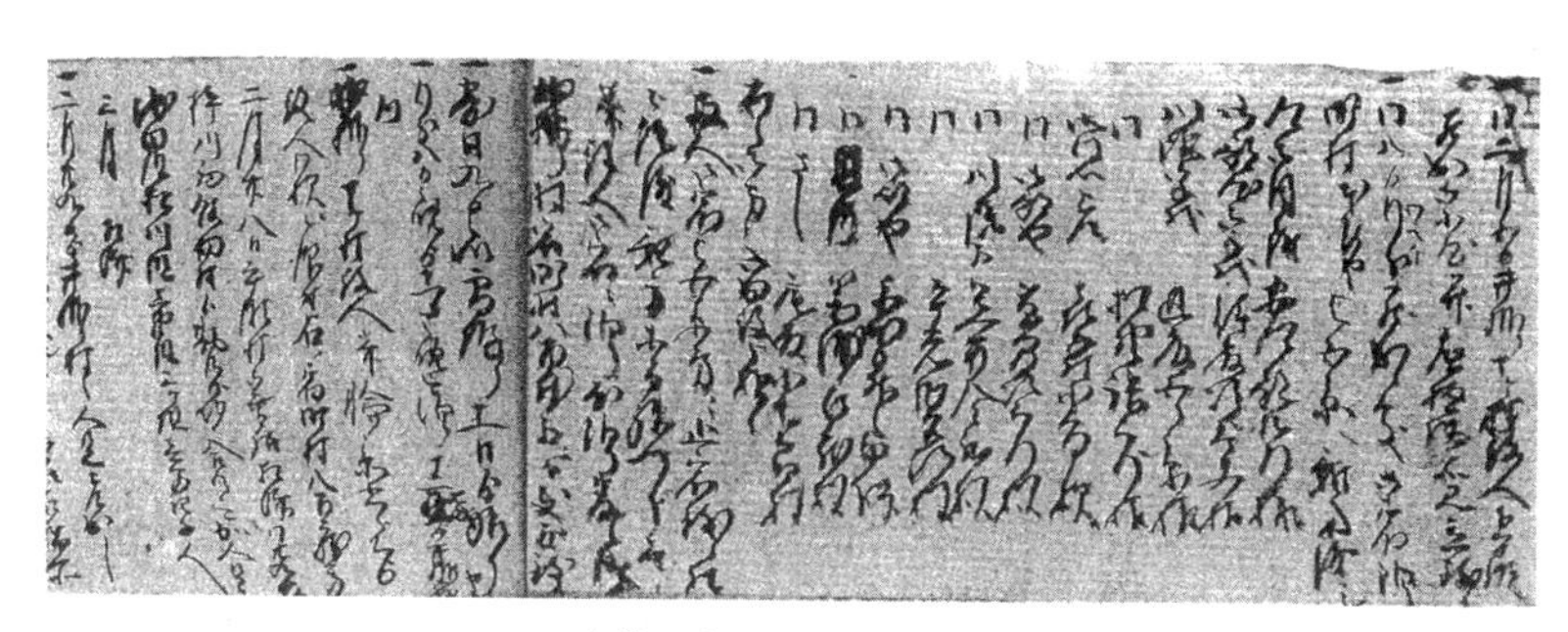

文化13年２月の古文書

一、同二月五日　井掛リ十ヶ村役人下平瀬へ
罷出御小屋並ニ底樋場所見立致候
一、同八日　自分（ワヘイ）罷出候処御宿所
町村本庄屋与五兵衛ヱ雑用渡シ
郷御目付　安江郷左衛門様
御部屋御手代　伊藤次郎大夫様
川除御手代　近藤五郎兵衛様
同　松野詰右衛門様
御同心差　喜多村小右衛門様
同　御部屋　草間次右衛門様
同　川除方　笠井金蔵様
同　平光賢治様
同　御部屋　宮本昇之助様
同　箕浦江蔵様
同　尾藤小七郎様
右ノ御方御出役被遊候
一、両人御宿与五兵衛方ニ止宿致候様
被仰渡　親方等々力孫一郎殿
並ニ役人御宿ニ泊リ尤泊リ番ノ儀ハ
村宿町村八百蔵方ニテ支度致ス
一、寄日九日ノ処雪降十一日ヨリ始リ
一、自分八日ノ晩ヨリ十一日ノ晩迄泊リ十二日夜ヨリ共掛リ宿
内
一、井掛十ヶ村役人並ニ輪兵衛、六郎右ェ門
役人同様ニ被仰付右ノ宿町村八百蔵方
二月二十八日　平瀬村御普請相済　同二十九日ヨリ
梓川西飯田村分勘左ェ門堰合水迄出人足
池田組松川組上野組　三ヶ組壱万四千人
三月　相済
一、二月二十九日ヨリ井掛村々人足差出シ

本藩との折衝に尽力した。文化十三年までの四年間は大変な事業であったと想像している。

これらの人物に少し触れれば、中島輪兵衛（宝暦二年・一七五二年〜天保九年・一八三八年）は柏原村の長百姓・中島新右衛門宗茶の長男として生まれた。幼名は伊与吉と呼ばれ、生後間もなく実母と死別した。継母ゆふ（花村家）と実母の生家（百瀬家）で養育された。成人後、天明五年（一七八五）三十三歳のとき与頭役、寛政四年（一七九二）に庄屋を経験した。文化九年（一八一二）ごろ拾ヶ堰の計画に参加して完成に導いた。そのとき六十四歳を迎えていたが、約二十年後の天保九年、八十六歳で他界した。詳しくは『安曇野と拾ヶ堰――中島輪兵衛の記録――』三〇八〜三〇九頁に「中島輪兵衛小傳」を収録しているので参照していただきたい。

等々力孫一郎（宝暦十一年・一七六一年〜天保二年・一八三一年）は松本出川の中田七右衛の次男として生まれた。柏原村の大庄屋・等々力孫右衛門の養子となり、老齢の孫右衛門を助け大庄屋代理として公益事業に挺身した。拾ヶ堰の創設には関係村の岡村勘兵衛、白澤民右衛門、平倉六郎衛門、中島輪兵衛、関与一右衛門などの協力を得て松本藩との交渉にあたって拾ヶ堰を完成に導いた。そのとき五十五歳であり、天保二年に七十歳の生涯を終わった。

平倉六郎右衛門（宝暦九年・一七五九年〜天保十二年・一八四一年）は下堀金村の庄屋・平倉園右衛門の子として生まれた。長じて父を助けて公益・殖産事業に尽力した。とくに寛政十年（一七九八）から二年間の勘左衛門堰の改修工事を担当した。そのときの技術的体験が拾ヶ堰の計画と推進に大きな影響を与えたと私は考えている。拾ヶ堰完成のとき五十七歳であった。その二十五年後に八十二歳の天寿を全うした。

なお、そこに登場する人々の人間関係については長岡昭四郎著『安曇野の朝焼け』（一九九九年発行、出版安曇野）という題名の好書・歴史小説があるので、それに譲りたい。

保存されていた古文書・測量器・測量図面

前述したように、約二百四年前の文化十二年（一八一五）に拾ヶ堰が地元民によって計画推進されていた。その当時の古文書と測量器が長野県穂高町の中島信夫（中島輪兵衛の子孫）の家に保存されていた。その測量器の形状の概略は図の通りである。図では長さの単位をミリメートルで記入してあるが、江戸時代の長さの単位は尺・寸・分であるから、（　）内の数字がむしろ重要な寸法といってよい。

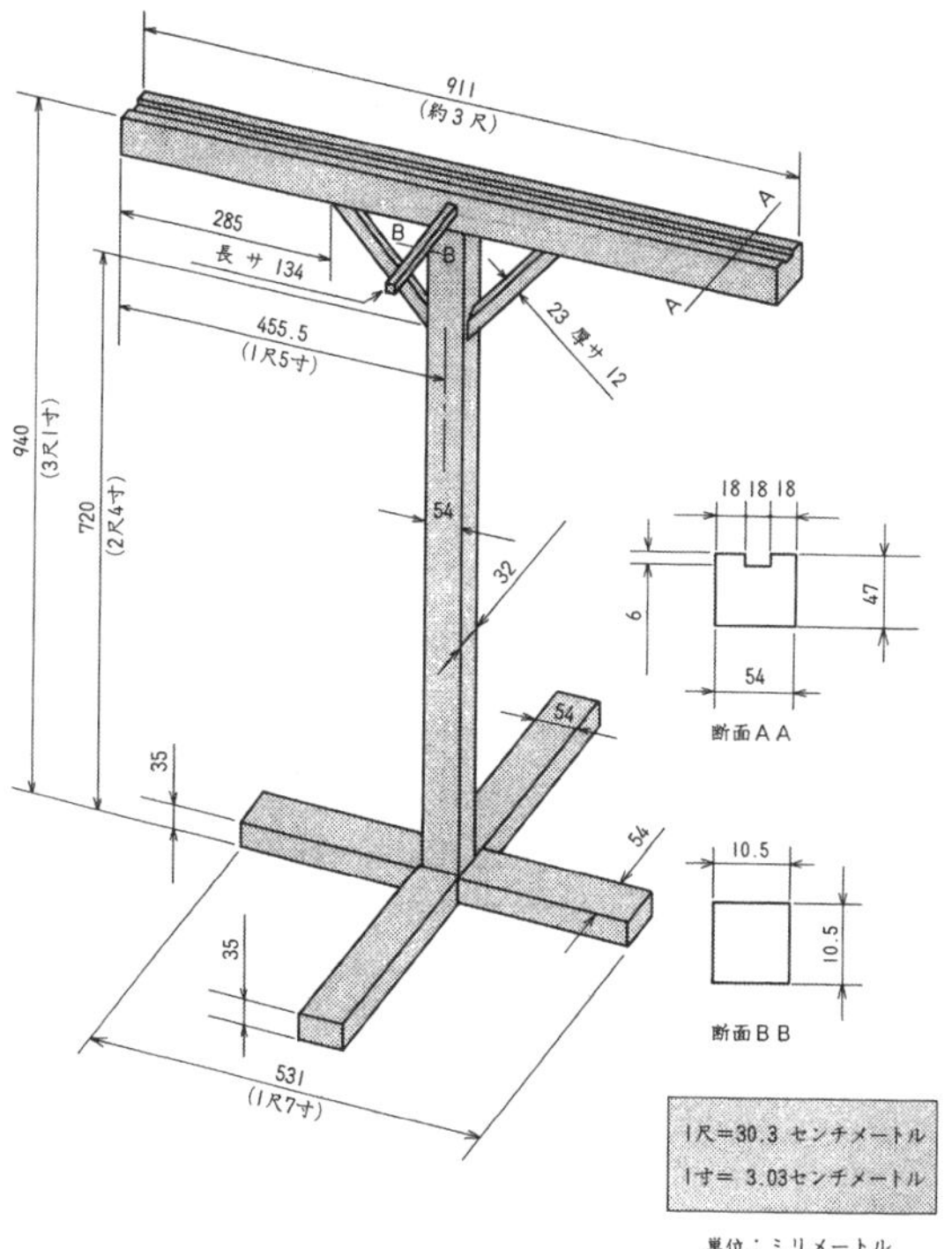

測量器図面

　この図面は、昭和五十八年（一九八三）に松本工業高校のクラブ活動・風土研究会のメンバー（機械科三年生・金井国彦、田中拓、田中稔、三田寿男）の手によって測定され、製図・記録したものである。最近、これが実際に役だったことに触れておきたい。

　松本市に所在する松本土建株式会社では創業百周年記念事業として、信越放送・SBCに依頼して一時間のテレビ番組「拾ヶ堰物語──安曇野を潤す命の水──」（信越放送・SBC—TV、一九九七年一月四日放映）が制作された。そこでは、測量器の図面を参考に復元製作して、それを使って江戸時代の測量方法・技術と精度とを検証した。それは再現映像として、当時の技術文化の理解と今後の地域文化の啓発に大きく役立つものに違いない。

また、中島家には当時の状況を具体的に記録した古文書も多数保存されていた。その一つに松本藩と交渉したときの図面も保存されていた。その図面の左下隅には「文化十二年亥五月二十六日墨引　同二十七日差出　御内々にて六月朔日御出被成候て御一覧」と墨書されている。そのときの状況を私の著書『安曇野と拾ヶ堰――中島輪兵衛の記録――』から、そのまま引用しておきたい。

「その晩、夜中に書状が届いたので、輪兵衛は孫右衛門を訪問した。書面を拝見、略絵図並びに帳面を明日中に全部完成させるようにとのことであった。五月二十六日は輪兵衛の家に願主五人のものが集まって協議した。堰の水路を長絵図に描き、地高、地窪、町間など絵図面並びに帳面とも確認した。翌日の二十七日には六郎右衛門、輪兵衛の二人が、松本藩の松野詰右衛門のお宅へ出向いて、堰路を墨引きして説明したので承知してくれたのである。六月朔日（一日のこと）、釣竿を持って正五ッ時（午前八時）に松本新橋の茶屋まで行き、堰路の案内をするように等々力孫右衛門から連絡があった。六郎右衛門と輪兵衛とは日の出の時刻に参上し、平瀬南の新車屋下から堰路の地所高低を絵図面の通り案内した。これによって堰筋を承知されたが、当日の松本藩の役人の出張はお忍びであり、手代近藤五郎兵衛、松野詰右衛門、同心笠井金蔵、平光賢治の四人は六郎右衛門と輪兵衛の案内で堰筋を、釣竿を持って、内密に現地調査したのであった。」（『安曇野と拾ヶ堰』一一四頁参照）。

このように、前述の測量器や古文書などの関係史料を解読すれば、当時の民間の測量技術を実証的に解明することができるのである。

測量技術の背景と真相

江戸時代の測量技術は「町見術」「量地術」「規矩術」などと呼ばれていた。「測量」というのは中国の古い言葉「測天量地」を縮めたと書かれたものもある。「測天」は天文観測の「測る」であり、「量地」の土地を「量る」とを区別していた。江戸時代には「量地術」という言葉が使われ、一般に「測量」という言葉は使用されていなかったようである。また「規矩術」の規はコンパス・渾発のことであり、矩は定木・定規のことである。この「規矩術」は現在の三角測量の理論的方面に相当し、「町見術」「量地術」が実地に応用する実際的方面のことを意味している。

測量技術では水平を出すことが最も重要であった。「水を盛る」とか「水盛り」とかいう言葉や「ろく」とか「ろくでなし」というのも測量の用語に関係がある。「ろく」という言葉は江戸時代には「直、正、陸」などの文字が当てられていた。水平、平ら、まっすぐという意味であり、直線や平面に対して垂直なときにも用いている。測量では鉛直、垂直、まっすぐ、水平なども含めて「ろく」といっていた。「ろく」でないものを「ろくでなし」というように測量技術の用語から発展した日常語でもあろう。

さて、拾ヶ堰を計画するとき、中島輪兵衛や平倉六郎右衛門はどのような測量技術をもっていたか不明の部分も多い。前述した測量器から想像すれば、測量器を基準点に据え付けて、中央の溝の部分を利用し「水盛り」をして、水平を出したのであろう。前方の目標地点に竿を立てて、測量器から見通して何尺何寸（今日ならば何センチメートル）の高さかを測定している。それによって、目標地点が基準点より何尺何寸高いか、低いかを計算したと考えられる。測量図面や古文書に記録されていた何尺何寸上り、何尺何寸下りは高低を記入したものである。前記の測定器を用いて描いたと推定される測量図面は中島輪兵衛の記録（古文書）と一致している。中島輪兵衛が直接関係した図面に間違いない。この図面は松本藩の役人と交渉した文化十二年五月二十七日に関係のある図面である。中島輪兵衛や平倉六郎右衛門などの安曇平の民間の測量技術がこの水準にあったことが窺われるが、中島輪兵衛と平倉六郎右衛門が特別な測量技術を身につけていたかも知れない。この時代は松本藩には独特の測量術（「規矩術免許傳來之巻」日本学士院所蔵）があり、伊能忠敬が全国的な測量をする時期でもあり、日本の先進地、江戸などではもっと上等な測量器を使っていた。それらと比較すれば、中島輪兵衛の測量器は雲泥の差がある。この素朴な測量器を使って拾ヶ堰が計画されたところに、信州の地方的特色があり、民衆のエネルギーと大きな努力の足跡を感じる。

前述した「規矩術」という測量術は、島原の乱のあとのキリシタンの弾圧された時代に西洋式・オランダ流の測量術が潜伏したと私は考えている。一時的に途切れていたものが、清水太右衛門貞徳によって『規矩元法』という新しい名前の表紙（中身はオランダ流でも）をつけて、東北地方の津軽藩において復活したものであろう。これは長崎や江戸から遠い津軽地方での復興・ルネサンスに違いない。そのような諸条件は津軽藩や八戸藩にはあったと考えられる。その「規矩術」は津軽弘前から信州松本へ伝えられた。また「円起方成」という測量術は上州（群馬県）から津軽（青森県）八戸へと伝えられた。前述したように「規矩術」の「規」はコンパスのことであり、「矩」は定規のことである。これと同様に「円起方成」はコンパスと定規を意味している。ここにキリシタンが弾圧された時代の技術文化の交流の痕跡を窺うことができるのではないか。

松本藩の測量術

約二百年前、松本藩に伝えられた測量術に触れておきたい。信州に関係した測量技術の文献は少ないが、三上義夫著『日本測量術史の研究』（昭和二十二年九月二十日発行、恒星社厚生閣）が最も参考になるといってよい。その中の「信州の数学──竹内武信所伝測量術の伝系」という一章がある。文化十一年（一八一四）に信州上田藩士・竹内武信が弟子に与えた測量術の免許状に伝来の系統が詳しく記されている。上田藩に伝わる「規矩術傳來之巻」（日本学士院所蔵）によれば、この伝来は松本藩から上田藩へ伝承されたものである。

上田藩の「伝来書」ができるまでの経緯を要約すれば、まず長崎の樋口権右衛門がオランダ人から測量術を教えられた。その門人、金澤刑部左衛門、刑部の子の清左衛門、勘右衛門の兄弟へ受け継がれた。勘右衛門の門人清水太右衛門貞徳へ伝えられた。これが清水流という呼ばれるものである。その後、松本藩に関係のある人物として、河原吉兵衛貞頼、小里源治頼章、鱸（すずき）兵太夫道正、上原善左衛門軌周、山口章一郎清直へと伝承された。

ここに登場する河田貞頼は滴翠堂鳳鸞（てきすいどうおうらん）と呼ばれ、濃州加納（現、岐阜県）の城主・松平丹波守に仕えていた。元禄時代に日本の地図を改正するとき、美濃国の地図を製作した人物である。その後、松平丹波守に従って信州松本に移ったと記録されている。小里頼章も同様に松本藩士であり、義山子と号した。「量地真術一冊、縮地撮要二冊」の著書があったといわれる。鱸道正、上原軌周も松本藩の藩士であった。後者は種々の流派の軍学と小笠原家の方式に精通し、文政六年に死去した。山口清直は鎗嶽と号し、暦学や算術に精通していたが、文化六年に病死したという意味のことが書かれていた。このような史料からみて、松本藩には江戸時代後期、文化・文政時代までにユニークな測量術の背景があったと推定してよいのである。

それらを明確に証明する史料はないが、『松本市史』上巻（昭和八年発行）四一九頁によれば、河原貞頼について享保十年八、九月頃、志州鳥羽藩戸田光慈が老中松平和泉守乗邑へ藩の窮状を訴え、松本は旧領であるから松本藩へ転封されたいと要請したことがあった。老中松平乗邑もこれに同情して戸田光慈は松本藩へ移ることになった。これに関連して「此の事件に関しては江戸詰留守居・河原吉兵衛貞頼（俸禄二百三十石伊賀風山の高弟）所々へ手入いたし、功労尠からざりしと云ふ。」とその業績を僅かに記録している。

また『増修日本数学史』によれば、「河原貞頼、規矩術ヲ以テ其名四方ニ聞ユ。其師清水貞徳歿シテ茲ニ十年、学術秘蔵スルコト尚旧ニ依リテ甚シ。是ノ故ニ或ハ其伝ヲ失ハンヲ恐ル。貞頼乃チ思フアリ。師歿後同門人漸ク別レ、伝統漸ク乱レントス。永ク其正伝ヲ失ハンモノ乎。是ニ於テ其極秘スル所ノ口伝印可二十一條ヲ筆記シテ以テ伝統ヲ明ニシテ之ヲ門弟ニ授ケタリ。其條目左ノ如シ。後世伝フル所ノ規矩神術是ナリ……」と記している。

松本藩の規矩術すなわち測量術は清水流であるが、河原貞頼その門人の小里頼章などが伝承した。河原貞頼は伊賀風山に兵学を学んだといわれ、弟子の小里頼章も兵学に精通していたとすれば、松本藩だけでなく、当時の測量術は兵学や築城技術など軍事上の必要性が大きかったのであろう。歴史的、地理的条件から見ても、それ以前の慶長年代には甲州・武田流を中心にした土着技術が底流にあり、石川数正の松本城築城の優れた技術導入が信州にあったはずである。これらの軍事目的を強めていた測量技術が、やがて平和な時代の到来とともに、治山治水の土木工事に応用されたのではないか。そのように想像してみても松本藩に関するこの種の関係史料や測量器はまだ発掘されていないのである。このことに関連して、竹内武信が編集した「量地奥義」の中には、清水貞徳が開発したと思われる「蜘度円之矩」といわれる独特の測量器について触れている。

「……而後清水貞徳製スル所ノ器、盤上ニ二尺ノ表ヲ立、其上ニ小丸磁石ヲ仕懸テ、万方一所ニシテ設。其後小里頼章当術奥義ニ悉ク雖有秘器、於業渾沌ス。故ニ貞徳製スル所ノ器、不動而求万方ルコト明シ。誠ニ当術之秘器也。既ニ頼章加作意ルコト数箇所ニシテ、再製スル所ノ器、前面高下、筋違遠町、城圍滄海、道路川筋、挙不可謂、求万方ルコト、蜘之巣張ルカ如シ。紘高下而図無不明也。名ツケテ号蜘度円之矩。当流神妙ノ器而秘之秘也。相伝限一人ト云フ……」と記されている。

このように松本藩には清水貞徳が製作した「蜘度円之矩」と呼ばれる測量器があった筈である。それは秘密の測量器であり、小里頼章に伝えられ、天明年間、小里頼章の死後に松本の火災でその測量器は焼失したと記されている。小里頼章の正統な門人、鱸道正、その弟子の上原軌周もその測量器があったことは知っていたが、この秘伝は修得していなかった。しかし大塚清直（山口章一郎清直）という人物が、小里頼章の学友の一人である安保実貞の門に遊んで、その測量器を再製することができたと記録されている。

その正体不明、なぞの「蜘度円之矩」という測量器は松本市のどこかにないものであろうか。その形状を想像すれば、目盛りをした正方形の板、方形盤を水平に置き、その中央に柱が貫通している。柱の上部に縦の溝孔を作り、これに半円盤を縦にはめ込んだものであろう。この半円盤は回転できるようになっている。平板表面には小丸に仕懸けた磁石をつけて方位を決めたと考えられる。水平の方形盤と垂直の半円盤を組み合わせた誠にユニークな測量器を想像することができる。これを用いて遠近高低の測量をしたのであろうか。これは測量術の理論的側面の奥義をマスターするための秘密測量器と考えるのが妥当であろう。

一般的な測量術では見盤と転盤は別々に使用していたと考えられる。前述した中島輪兵衛の測量器は最も簡単な構造の見盤であり、水平を見通すには誤差の少ない実用的、合理的な寸法と形状であったように考えられる。

民間の測量術

松本藩の測量術と比較して松本地方・安曇平の民間の測量術は異なっていた。それは保存されていた測量器・測量図面・古文書によって具体的に解明することができた。当時の民間レベルの測量技術の謎を研究してみたが、東北地方にも江戸時代に同じような測量器が使用されていた。

新渡戸記念館（青森県十和田市）に同類の測量器が保存展示されていたのを、平成七年（一九九五）秋に見たことがある。また北上市江釣子民俗資料館にも同じような測量器が保存されている。これらは新渡戸傳（旧五千円札の新渡戸稲造の祖父）が十和田湖の水・六戸川（今の奥入瀬川）を利用して灌漑用水路を開鑿し、三本木平を開発したときに関連するものである。

日本列島の各地に農業生産を拡大してきた産業遺産・用水堰があるが、その測量技術について書かれたものは少ない。どの地方にも「夜、提灯をつけて……」という伝説的な話が郡誌・村誌には、もっともらしく書かれているが、これは眉つばものの話である。下見の段階では密かに提灯をつけて歩いても、測量は昼間の条件のよい状態で、地域農民のリーダーたちが中心になって推進していた。地元の大工さんの協力を得て実施していたことが詳細に記録されている。前述してきた古文書（中島輪兵衛の記録）・測量器・図面などの現物を調査して鮮明になった結論である。

江戸時代において、日本列島の中央部の安曇野における民間の一つの測量技術は、全国的な視点からみて、どのような歴史的発展段階にあったのであろうか。同時代に地図作成を目的にした幕府サイドの伊能忠敬や間宮林蔵の測量技術とは別な問題であり、民間の用水堰開発のための測量技術である。人間の生活のあるところには必ず諸問題を解決するための技術が存在している。当時の測量技術は全国的なネットワークを通じて一つの研究テーマになり得る今後の研究課題であると考えている。

拾ヶ堰の記念碑

拾ヶ堰に関する代表的な記念碑は三つだけといってよい。一般に目につくのは国道一四七号を松本から豊科へ行く手前、国道と拾ヶ堰が交差する地点に大きな記念碑がある。それは昭和三十五年（一九六〇）に拾ヶ堰の改修工事を記念して建立されたものであろう。しかし拾ヶ堰の開鑿の歴史を伝える内容は記録されていない。表側に「拾ヶ堰竣工記念碑」「農林大臣福田赳夫」という文字が刻まれていた。農林大臣が拾ヶ堰改修工事にどのようにかかわったか疑問に思うが、史実を後世に正確に伝える内容を記念碑に刻んでほしいものである。

次の記念碑は、その地点から拾ヶ堰の右岸の土手を五百メートルほど下流へ歩いた場所にある。遊歩道とサイクリングコースのために整備された休憩所付近にある。それは平成七年（一九九五）に長野県豊科建設事務所の尽力により記念碑「安曇野と拾ヶ堰」が建立された。当時、この碑文を私は依頼されたので、自分の著書の題名に因んで「安曇野と拾ヶ堰」としたのであった。サイクリング道路沿いに記念碑は北向きに建立された。その背面にあたる南側を拾ヶ堰の水が、西に聳える常念岳の方向・堀金地区へと静かに流れている。

ここに写真とともに碑文を参考までに紹介しておきたい。

「安曇野と拾ヶ堰　拾ヶ堰とは江戸時代の文化十三年（一八一六）に完成し、安曇平の拾ヶ村（当時の吉野村、成相町村、新田町村、上堀金村、下堀金村、柏原村、矢原村、等々力町村、保高町村、保高村）に関係した灌漑用水の名前である。今日その灌漑面積は約一千ヘクタール、長野県屈指の米どころ安曇野を形成し、美しい北アルプスの山麓に水と緑の豊かな田園とその文化を拾ヶ堰は育ててきた。この用水は現在の松本市島内地籍で奈良井川の水を取水し、梓川を横断して流れ、豊科町、三郷村、堀金村、穂高町を経て烏川に至る全長約十五キロメートルの緩やかな流れとして昔も今も安曇平を潤している。江戸時代の測量技術と知恵によって、開発する田圃の面積をより多くする工夫をしてきた。緩やかな流れはそれを象徴している。初期の測量と計画は中島輪兵衛と平倉六郎右衛門とが互いに協力して仕事をしてきた。これに大庄屋・等々力孫右衛門、その養子・孫一郎、拾ヶ村の庄屋、長百姓などのうち、平倉六郎右衛門、中島輪兵衛、岡村勘兵衛、白澤民右衛門、関与一右衛門などが中心になり実務的な仕事を担当した。

平成7年・1995年建立の記念碑「安曇野と拾ヶ堰」

これに松本藩の役人のほか多くの地元民が協力した。工事参加延人員・六万七千百十二人の人力と総工費・八百十六両によって、拾ヶ堰は文化十三年（一八一六）二月十一日（旧暦）から工事を開始し、三か月の突貫工事で文化十三年五月十日に竣工した。　平成七年（一九九五）三月」と銅版に刻まれている。

最も古い記念碑は拾ヶ堰の水の取り入れ口に近い松本市島内犬飼新田に昭和三年（一九二八）十二月に建立された。その後、奈良井川の拡幅工事と拾ヶ堰取水堰工事によって、平成五年に取水口付近に移築された。次に記念碑の碑文の拓本を図版で紹介する。なお、この拓本は、私が二〇〇四年七月に穂高の名刹・宗徳寺（そうとくじ）へ寄贈し、地域文化のために保存されている。

信州ハ本邦最高ノ地ニ位シ南安曇郡モ屈指ノ高地ニアリ其ノ地盤往々水流惨漏シ堰渠ノ利ナクンバ農耕ノ発達ヲ望ミ難シ故ニ古来ノ治者水利ニ注意シ堰渠ノ多キ一郡ノ特色タリ十箇堰ハ民間有志ノ建設ナルヲ以テ最モ名アリ文化十年平倉六郎右衛門岡村勘兵衛中島輪兵衛白澤民右衛門本堰疎通ヲ首唱スルヤ等々力孫一郎藤森善兵衛丸山圓十郎關與市右衛門青柳市三郎之ニ賛同シ十村ノ人皆協力シ松本藩吏笠井金蔵平光賢治工事ヲ督ス同十三年二月起工シ四閲月ニシテ成ル賦役人夫ハ約七萬人疏水ノ延長ハ四里ニ達シ灌漑ハ一千町歩ニ及ビ収穫大ニ増加ス其後大正八九兩年ノ交烏川村長黒岩重義等伏越工事ヲ完成シ水利益大ナリ此堰或ハ水ヲ低ヨリ高ニ導ク處アリ或ハ梓川ヲ横断スル處アリ其工事甚ダ難シ而シテ之ヲ創成シタルハ上記諸有志ノ努力ト長野縣ノ補助トニヨリ本郡産米ノ多キコト縣下第一ノ稱アリ嗚呼創業ハ難ク守成亦易カラズ守成発展ノ責ハ後人ニアリ其恵澤ヲ被ル亦後人ニアリ則

昭和３年・1928年建立の記念碑の拓本（安曇野市穂高・宗徳寺所蔵）

チ後人ソレ勤メザルベケンヤ　今上陛下即位大禮ノ吉年ニ當リ本堰水利組合會ハ此大業創成者ノ功績ヲ表彰シ建碑シテ後世ニ傳ヘント欲ス事ハ美ニシテ其情亦篤シトイフベシ
昭和三年十二月
正二位勲一等公爵徳川家達篆額
従四位勲三等文學博士中山久四郎撰並書

史料保存のために

平成五年（一九九三）三月に私の著書『安曇野と拾ヶ堰――中島輪兵衛の記録――』（出版安曇野発行）の初版が発刊された。すでに二十年以上の歳月が流れ、その間に各方面から「拾ヶ堰研究の定本」として好評を頂き、広く利用されてきた。

一例をあげれば、東京都板橋在住の詩人・長岡昭四郎は『安曇野と拾ヶ堰』を読まれ、長岡昭四郎著『安曇野の朝焼け』（一九九九年発行、出版安曇野）という題名の歴史小説に纏められた。昔から安曇平に住んできた人々は、大地を耕し、水路を拓き、米が作れるように努力してきた。今日、北アルプスの山麓に広がる美しい安曇野は長野県を代表する穀倉地帯・米どころになっている。それは今から二百年ほど前の江戸時代・文化十三年（一八一六）に大自然の中に人工的に組み込まれた灌漑用水路・拾ヶ堰の恩恵によるものであろう。その歴史小説『安曇野の朝焼け』では、拾ヶ堰をめぐる「治水にかけた人たちの闘魂、賢い女と、志をもった男の物語」を展開している。その中心的人物・中島輪兵衛を育てた母親「ゆふ」に焦点を当てたユニークな歴史小説の好書である。

そのように、安曇野の質の高い文化は「拾ヶ堰」なしにはあり得なかった。まさに用水路・拾ヶ堰は安曇野の文化の動脈である。江戸時代の文化十三年（一八一六）から長い歳月を経て二〇一六年には二百年を迎えた。長い歴史を刻んできた「拾ヶ堰」は貴重な安曇野の産業遺産・文化遺産に違いない。
その文化遺産の「拾ヶ堰」を、どのように位置付けるか今後の大きなテーマである。それには貴重な歴史史料を散逸させることなく地元に保存する方策の検討が緊急の課題となろう。二〇〇五年十月に拾ヶ堰の水に関係の深い町村、穂高町・堀金村・三郷村・豊科町と明科町とが合併して安曇野市となった。新しい安曇野のルネサンスが始まる。今こそ百年後、二百年後に向けて恥ずかしくない「ものづくり」「町づくり」が必要であろう。歴史の年輪を重ねた産業遺産といわれるものには、草創期の先見性と創造のエネルギーが漲っている。何かの参考になれば幸いである。

参考文献

北野進著『安曇野と拾ヶ堰――中島輪兵衛の記録――』（一九九三年発行、出版安曇野）
三上義夫著『日本測量術史の研究』（一九四七年発行、恒星社厚生閣）
松崎利雄著『江戸時代の測量術』（一九七九年発行、総合科学出版）
北野進「安曇野と拾ヶ堰――測量技術に関する研究――」『産業考古学会・全国大会（八戸）論文集』（一九九五年発行、産業考古学会）

第二章　御時計師・渡辺虎松と和時計

渡辺虎松と和時計

和時計とは明治時代以前に発達した日本独特の時計であり、珍しい文字盤や歯車仕掛けをもった機械時計のことである。長野県南安曇郡梓川村の上野出身の渡辺虎松が信州人では最古の和時計を製作した人物といわれている。そのことは、飯田市の郷土史研究家・原彰一が渡辺虎松の和時計を所蔵しており、それを紹介したのが最初であった。

昭和五十四年（一九七九）六月十日の「時の記念日の話題・信州人では最古――飯田で発見――」の報道記事と七月二十三日の信濃毎日新聞夕刊ぶんか欄に「信州の御時計師」と題した原彰一の一文が掲載された。当時、長野工業高等学校に勤務していた私は、興味深く読んだ記憶が今も鮮明に蘇ってくる。その翌年、昭和五十五年に私は松本工業高等学校へ転勤した。その年の秋に梓川村の真光寺境内に渡辺虎松の顕彰碑が建立された。「御時計師　渡辺虎松信偏顕彰碑　汲古　信山書」の顕彰碑の除幕式が十月十二日に盛大に行われた。その当日に発刊された小冊子（B5判、総頁数・一六頁）『汲古――御時計師渡辺虎松信偏顕彰碑建立について――』には、和時計の構造上の特徴や技術的問題に何も触れていなかった。

それを契機にして、私は「渡辺虎松と和時計」の技術史的問題の解明を試みた。日本の時計技術史の位置づけが必要であると痛感した。手始めに、長野県内に現存する渡辺虎松の作品と思われる三つの和時計の現地調査から開始した。部品の欠損状態、復元の可能性、現存するまでの歴史的背景などである。飯田市の原彰一所蔵のものは、ガンギ車と接触する棒天府の爪が折れて運転不能であった。文字盤のローマ数字には疑問をもった。次に朝日村古見の古川寺所蔵の和時計は、動力の重錘（おもり）を吊るす紐の老化、文字盤の「子、丑、寅、卯、辰、巳、午、未、申、酉、戌、亥」が上下を逆に取り付けられていた。その他の部品の損耗は少なく、分解調整をすれば動くようになると思われ、時の刻みを復活できる状態を確認した。三つ目の松本市立博物館（現在は女鳥羽川の近くに新設した松本市時計博物館に展示）の和時計は明治初期の廃仏毀釈の影響によって、内部の歯車機構の部品の欠損が著しいことが窺われた。詳しくは後述する。

これらの現地調査を終えて、私は信濃毎日新聞夕刊ぶんか欄に昭和五十六年（一九八一）六月十五日から六月二十三日まで「信州の和時計　渡辺虎松の業績」と題して執筆・連載した。それを読んだ松本工業高等学校のクラブ活動・風土研究会のメンバー柳沢俊幸（卒業後はセイコーエプソンで活躍）、中沢倉人など機械科生徒六人が原彰一所蔵の和時計の欠損部品の復元を試みた。また古川寺所蔵の和時計を分解掃除して動かすことにも挑戦した。その結果、秋の文化祭「松工祭」には江戸時代の時の刻みが完全に復活した。それらの実績は、例えば毎日新聞の昭和五十六年九月五日（土）の朝刊や信濃毎日新聞夕刊に大きく報道され、記録として今に残っている。

そのように、私の連載記事は各方面に大きな影響を与えた。二年後の昭和五十八年四月に、北野進著『信州のルネサンス――産業技術遺産を追って――』（信濃毎日新聞社発行）が発刊された。その中に「時計師　渡辺虎松の業績」（一九三～二二五頁）と「付論　時計技術史的位置づけ――日本時計技術史概要――」（二二六～二四〇頁）として収録されている。すでに三十年以上の歳月が流れているので、それらに加筆して次項から詳述してみたい。

真光寺に顕彰碑と墓

梓川の左岸に位置する梓川村の高台に真光寺という寺がある。松本市から車で上高地線の道路を波田町方面に進んだ。波田町から梓川の対岸にかかる梓川橋を渡った。左折して紅葉に映える山麓を登りつめたところに真光寺があった。本堂の手前、左側の重要文化財・収蔵庫の脇に渡辺虎松の顕彰碑があった。

ちなみに、この寺は西牧山真光寺といわれ、かつて真言宗の寺であったが、今は曹洞宗の寺である。庚申様が祀られ庚申の総本山として信仰されてきた。寺に伝えられる史料によれば、坂上田村麻呂が有明山の妖鬼を退治するとき、青面金剛尊・庚申を寺に安置したといわれる。

その青面金剛尊は一身・三目・六臂（一つの体に目が三つと腕が六本）で顔や体は青色の金剛尊である。右手に三股の剣と矢を持ち、左手に輪宝と弓を持つ姿であり、御利益に富む仏像と伝えられている。三つの目によって遠くを見通すことができ、六つの腕で稼ぐので能率がよく、商売繁盛や農蚕業の経営発展を願って、江戸時代には多くの参拝者が訪れてきた。庚申様の足元に三匹の猿・申(さる)がおり、両手で目を覆うもの、耳を押さえるもの、口を押さえたものが並んでいる。すなわち「見ざる、聞かざる、言わざる」の三猿である。悪行は見ない、悪事は聞かない、悪口は言わない生活習慣をつけて、善行を実践することを教えているのであろう。

庚申様の参拝日は暦の庚申(こうしん)（かのえ・さる）の日である。それは十干（甲、乙、丙、丁、戊、己、庚、辛、壬、癸）の七番目の庚(かのえ)と十二支（子、丑、寅、卯、辰、巳、午、未、申、酉、戌、亥）の九番目の申(さる)との組み合わせから成り立っている。十干の十と十二支の十二の最小公倍数六十、六十日を周期に巡ってくる。二カ月に一回の割合で庚申の日は巡り、一年に六回は巡り来るのである。年の初めの初庚申には参詣者が最も多く、全国各地から安曇平の上野庚申に参拝者が集まってきた。

なお、真光寺には国宝・重要文化財の阿弥陀如来像・観音菩薩像・勢至菩薩像の三尊像が祀られている。この仏像はかつて浄土宗・西安寺に建仁三年（一二〇三）頃から安置されていたが、のちに西安寺が廃寺となった。武田晴信・信玄が信濃国に進攻の頃、天文十五年（一五四六）、それらは真光寺に移管されたのであろう。この三尊仏像は昭和十二年（一九三七）に国宝指定となり長野県では貴重な仏像である。この寺では六十年ごとに巡り来る庚申の年、昭和五十五年に渡辺虎松の顕彰碑を重要文化財収蔵庫の脇に建立した。黒御影石の顕彰碑の正面中央に松本出身の書家・上條信山の筆跡で「汲古」と刻まれている。右側には「御時計師渡辺虎松信偏顕彰碑」とある。裏面には郷土史研究家・原彰一の撰文と真光寺住職・原実雄の書体が刻まれていた。

それによれば、「渡辺虎松信偏ハ輪湖五右衛門ノ嫡子ニシテ天明二年旧松本藩上野寺家村ニ生ル性器用ニシテ鍛冶ノ業ヨリ工夫修練シ刃剣ヲ製シ更ニ刻苦多年遂ニ自鳴鐘ヲ完成セリココニ欣喜シテ藩主戸田侯ニ献ジ御時計師ノ号ヲ得タリ時ニ文化年中ニシテ信陽ニオケル時計製作ノ嚆矢ト言フ　天保二年諏訪藩ニ招カレ刀剣師トナリ渡辺姓ヲ賜ハル　偶々病ヲ得テ帰ルモ翌嘉永二年十月二十七日歿シタリ　行年六十八　当寺境内ニ葬ル」とある。そのあとに、「経時昭和五十五庚申歳　神無月中流　南陽飯田住　原彰一　撰　真光寺住職　原実雄　書　建立委員會　上野庚申奉賛会　後孫　大阪住　渡邉虎杢　嗣子　渡邉吉將建之　石工　上條国治　刻」と刻まれている。

その顕彰碑のすぐ近くの墓地には「御時計師渡辺虎松信偏　嘉永二酉十月二十七日」と刻まれている（写真参照）。

その真光寺を私が訪ねたとき、南に面した渡辺虎松の墓碑には真昼の太陽が南中する時刻であった。ここ安曇平の寒村の鍛冶屋の息子がどこで時計の製作技術を身につけたのか。長崎か、京都か、名古屋か、江戸かと想像してみるが、それを証明する史料は発見されていない。子孫への口伝えでは長崎ともいわれている。いずれにしても、渡辺虎松が天明二年（一七八二）に生まれ、嘉永二年（一八四九）までの六十八歳の生涯の半分、三十年間以上を時計製作の仕事に従事したと私は推理している。

渡辺虎松の生まれた天明二年の翌年には浅間山の大噴火、天明飢饉と続く時代であった。年号は天明、寛政、享和、文化、文政、天保、弘化、嘉永と移り、渡辺虎松の没年の嘉永二年には信州小布施にかかわりをもった葛飾北斎が江戸浅草で九十歳の生涯を閉じる頃であった。ペリーの率いるアメリカの軍艦四隻が浦賀にやってくる嘉永六年の四年

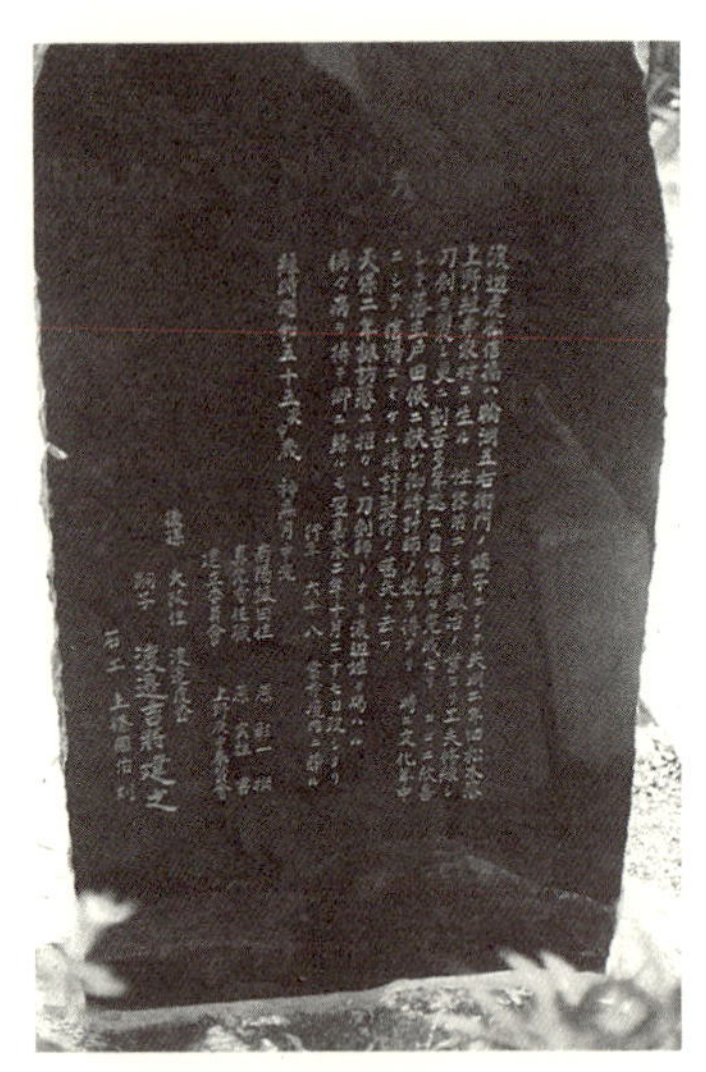

碑の裏面に刻まれた経歴

渡辺虎松信徧顕彰碑「汲古」信山書
長野県南安曇郡梓川村真光寺に
昭和55年10月12日建立

御時計師　渡辺虎松信徧の墓

前の話である。次項から、しばらく和時計の一般的な特徴に触れるので、渡辺虎松の作品をみるときの参考にしていただきたい。

和時計の特徴

和時計とは日本の室町時代から江戸時代までに発達した歯車式の機械時計のことである。文字盤には十二支の子、丑、寅、卯、辰、巳、午、未、申、酉、戌、亥と九、八、七、六、五、四の数字を繰り返したユニークなものに変化した。フランシスコ・ザビエルが天文十八年、キリスト教の布教のために日本の鹿児島にやってきた。その二年後の天文二十年（一五五一）に周防（山口県）の大名・大内義隆に土産品として時計（自鳴鐘）を献上した。それが機械時計が日本へ伝来した最初であり、ローマ数字の文字盤をもつ一挺天府式（一つだけの天府をもつ形式）の時計であったに違いない。その数カ月後に陶晴賢の反乱により大内義隆は死去し、そのとき時計は焼失したといわれる。現存していないことは誠に残念である。

文化14年（1817）渡辺虎松作
二挺天府式の和時計

恐らく、そのときの時計の文字盤はローマ数字であり、その約百年後に何故か十二支の文字盤に変更していった。私は寛永十四年（一六三七）の島原の乱に関係があり、その後のキリシタンの弾圧という政治状況の中で、時計を所有していた大名諸公は時計の顔・文字盤の変更を余儀なくされたと考えている。そして明治五年（一八七二）の時刻制度の改革により、西洋式の定時法（昼も夜も一定の速度で指針が動く）や文字盤に数字を採用するデザインに変化した。

江戸時代には、時計は、季節の変化にあわせた日本独特の不定時法のものであった。文字盤の上側（一八〇度）は昼間であり、下側（一八〇度）は夜間に相当する。例えば、夏の季節には昼間が長いので、時計の指針・時針はゆっくり動くように「明け六ッ」に調整する。夜間は短いので指針は速い速度で動くように夕方「暮れ六ッ」に調整する。それが御時計師の仕事であった。それを改良した和時計に昼用の天府（振り子）と夜用の天府をもつ二挺天府式という時計が開発された。西洋から伝来した定時法の時計は天府（振り子）が一つだけであり一挺天府式と呼んでいる。

さて、前述した文字盤は実に不思議なデザインである。世界の時計の文字盤と比較しても日本独特のものであり、鎖国時代における創意と日本の伝統を加味したものといってよい。日本の近代以前の時計技術の先進国はイタリア、フランス、ドイツなどの諸国であった。これらの西洋式時計は一昼夜、二十四時間をローマ数字のⅠ～Ⅻなどで表示していた。その西洋式時計を模倣したものが、前述のように十二支の子、丑、寅、卯、辰、巳、午、未、申、酉、戌、亥が採用されているのも面白い。これは和時計以前には水時計や日時計が存在していたに違いないから、方位や方角の考え方が文字盤上に移されたのであろうか。当時の庶民の生活習慣に立脚したものであろう。十二支を二十四時間に対応させれば、二十四時間を割る十二で一区画・一刻は不定時法ではおよそ二時間に相当する。

さらに文字盤上には数字が刻まれている。子、丑、寅、卯、辰、巳、午、未、申、酉、戌、亥の順序につれて九、八、七、六、五、四と現代人には理解に苦しむ数字が並んでいる。時間の経過につれて数字が減るとは一体どうしたことであろうか。しかも文字盤上には数のはじめの一、二、三の数字がないのは何故であろうか。

文字盤上の数字のなぞを合理的に説明した文献は少ないが、最も妥当性があると思われるのは、易学の陽数「九」から始まり陰数「六」で終わる考え方であろう。つまり九の倍数を六まで作ってみるのである。すなわち小学校のと

二挺天府式の和時計

古川寺の和時計
天保5年（1834）の文字盤は鼈甲（べっこう）製

和時計の文字盤

き覚えた九九の一×九＝九、二×九＝十八、三×九＝二十七、四×九＝三十六、五×九＝四十五、六×九＝五十四となる。一年の終わりを告げる除夜の鐘なら百八でも打つのはよいが、時報としては五十四個も太鼓や鐘を打つわけにはいかない。十位の数字を省略して、一位の数字の九、八、七、六、五、四と簡略化したものであろう。見かけは減少していく数字に見えても増加の意味が込められている。このように考えれば、時が経過し、和時計の指針が進むとき、そこには九の倍数で増加していく無限の時の流れを読みとることもできる。

さて無限の時の流れは有限の人間の生涯にとって増加し、豊かな人生経験として蓄積されると考えることもできるが、一方では有限なものが減少していくことにもなる。満ち足りた数の十から一、二、三、四、五、六と次第に増加した数を引いた余りの数をそれぞれ九、八、七、六、五、四と文字盤上に表現していると考えることもできる。

いずれの場合も時は流れ、前進して行くものを現象形態としてどのように把握するかの違いだけであろう。当時、松本市の珈琲屋で大型砂時計（イギリス製一時間用）を前にして、その店の主人が「時は減るものではなく、案外たまるものかもしれない。……」と砂時計の砂の行きつく先を見て話したことをふと思い出した。人間は己の生涯の長短に関係なく、世のため人のために役立つ有効な時間を、未来に向けてどれだけ蓄積したかによって歴史的評価をしているのかも知れない。

また前述した一、二、三の数字は文字盤上には表現されていないが、例えば夜中の二時半頃を「丑三ツ」と呼ぶことは歴史小説などで一般に知られているところである。「丑の刻」は今日の定時法と比較すれば多少のずれはあるが、およそ午前一時から三時頃までの二時間であり、これが「いっとき」である。この一時を四等分すなわち三つの刻みを入れれば、約三十分おきに鐘を一ッ（一刻）、二ッ（二刻または正刻）、三ッ（三刻）と打つことによって時刻を告げることもできる。

したがって今日の平均太陽時による時刻とは多少違うが、子の刻は現在の午後十一時から午前一時と考えてよい。そして子の初刻が十一時、一刻が午後十一時半、子の二刻すなわち正刻が午前零時、子の三刻が午前零時半、子の四刻すなわち丑の初刻が午前一時、丑の一刻（一ッ）が午前一時半、丑の二刻または正刻（二ッ）が午前二時、丑の三刻（三ッ）が午前二時半などである。

子の刻と午の刻から、それぞれ九、八、七、六、五、四と文字盤上の数だけ順番に太鼓や鐘で時を告げた。さらに約三十分おきに一ッ、二ッ、三ッと鐘を鳴らす優雅な時代であった。また江戸時代には暦学家の専用の時刻法では一昼夜を百刻に分割したものを一刻と呼んでいるが、これは和時計のそれとは明確に区別して考える必要があろう。

和時計の文字盤のなぞについて、私流の解明を試みたが、「丑三ツ」とか「正午」とか「三時のお八ツ」など現代に生きる言葉も和時計の文字盤が率直に証明してくれる。これが和時計を見るとき何かの参考になれば幸いである。

次項から渡辺虎松の現存する三つの和時計について詳述しておきたい。

現存する三つの和時計

渡辺虎松がつくった和時計について、完全な姿で現存するのものは天保五年（一八三四）の作品、二挺天府式で目覚まし付き・昼夜の切り替えはオートマチックの優れたものである。それは東筑摩郡朝日村古見の古川寺に所蔵されている。和時計本体の大きさは縦一三二ミリメートル、横一三二ミリメートル、高さ一九七ミリメートルで鉄製である。側板は黄銅製で風景画がエッチングされている。裏面には「信州筑摩郡古見古川寺現住法印常應求之　天保五甲馬初秋日　時計師　上野寅松」と浮き彫りされていた。この中の文字「天保五甲馬」は天保五甲午であり、「時計師上野寅松」の寅は虎であろうが、寺に奉納するために二文字を意識的に変えたのであろう。ちなみに天保五年には古川寺の住職・常應が庫裡の完成とともに時計を求めた年であった。

この和時計の詳細な調査は古川寺（こせんじ）の笠原俊光・住職にお願いして昭和五十六年（一九八一）四月二十九日に行った。その記録が手元の「和時計史料」にファイルされている。約四半世紀前の当時、私が写真撮影した写真は今では歴史史料として貴重な価値を持ってきた。その写真を眺めながら、この原稿を書いているが、渡辺虎松の五十歳前後の仕事の成果を後世のために、正確に記録する方がよいと考えるようになった。部品の欠損も殆どなく、完全な姿の技術文化遺産に多少の解説を加えて掲載することにした。和時計の各部分を静かに鑑賞して頂きたい（口絵写真参照）。

次に文政三年（一八二〇）の作品が松本市時計博物館に展示（松本市今井の宝輪寺所蔵を寄託）されている。昭和五十六年（一九八一）一月二十五日に市立博物館の熊谷氏の立ち会いのもとに私は調査した。基本的には二挺天府の形式のものであったが、部品の損失が多かったためか、修理後に一挺天府になったと思われる。鉄製の天井板には二

文政３年（1820）渡辺虎松信徧作の和時計（松本市時計博物館）

挺天府式であった痕跡を証明する穴が明瞭に存在していた。その天井板の裏側には「諏方上宮　神変山慎用観照代　文政三庚辰於自坊立」と鏨で刻まれている。鉄製の底板裏面には「御時計師　當国安曇住　上野信徧作」の刻銘があった。

「諏方上宮」は諏訪上社のことである。江戸時代には諏訪を「諏方」とも書かれた文献が多い。次の「神変山慎用観照代」は諏訪神宮上下社のうち上宮の現在の神宮寺について文献（例えば山田茂保著『諏訪史概説』所載の明治維新神仏分離史料中巻等）には「上社　本社別当　神変山神宮寺　真言宗　開山弘法大師空海と言ふ。寺領二十五石、燈明料十石、寺僧を支配す、大坊と称す。」と記されているから、これは神宮寺のことである。また観照代とは文政三年、当時の神宮寺の住職は観照と呼ぶ名前の人の時代であった。念のために前掲の『諏訪史概説――文化史を中心にして――』は、著者の山田茂保が昭和初期に書かれた遺稿を、昭和五十四年に遺族によって五十年振りに発刊されたものである。その巻末にまとめられている学芸年表草稿によれば、文政三年（庚辰）の項に次のように記されている。「正月、亀田鵬斎、諏訪上社神宮寺住職観照師の求めにより『湖南法窟』の額を書す」とあるように、上社神宮寺の住職観照は極めて風流人であったことが窺われる。

　これらから推定して、諏訪上社の神宮寺住職観照が文政三年に渡辺虎松信徧に作らせたものに間違いない。しかし、この和時計がどのような理由によって松本市今井の宝輪寺に移ったか、廃仏毀釈に関係があると想像しているが、こ

れを証明する史料は今のところ発見されていない。いずれにしても、和時計の現物が松本市時計博物館に常設展示されていることは、郷土の技術文化史にとって貴重な価値をもっている。

さて文政三年、「御時計師　當国安曇住　上野信偏作」、渡辺虎松信偏作の和時計の細部について書くことにする。和時計本体の最上部にある鐘は外径一五二ミリメートル、高さ一〇五ミリメートル、縁の厚さ九・五ミリメートルの寸法であり、仏具の鐘の形状とよく類似している。鐘の音色から考えても専門の鋳物師によって作られたものであろう。さらに鐘の止めねじは一般に「三枚わらび手」といわれるタイプの形状の部品が利用されている。この時代はある程度の分業が成立していると考えてよいから、時計師兼鍛冶職の渡辺虎松信偏は、歯車仕掛けを含む和時計の本体の設計と製作に多くの時間と労力をかけて完成したのであろう。

歯車機構・仕掛けは一番歯車、二番、三番、四番（ガンギ車）歯車を介して天府によって調速するようになっている。動力は重錘（重り）と滑車によって一番歯車に駆動するようになっている。歯車の歯数は一番歯車が七十二枚、それと噛み合う二番カナ（小歯車）十一枚、二番歯車六十一枚、三番カナ二十枚、三番歯車七十二枚、四番カナ十二枚、四番歯車十七枚であった。これらのうち一番、二番には問題はないが、三番カナは、調査した他の四種類の和時計について六枚が普通であり、渡辺虎松は六枚を採用していたに違いない。これを二十一枚に修

和時計の歯車機構。左側の歯車列がガンギ車と棒天府によって、カチッカチッと時を刻む。右側の歯車列は時を告げ鐘を打つ機構である（古川寺の和時計）

理したことは間違いである。さらにガンギ車の歯数はすべて十五枚であるから、十七枚も間違っている。前述したように二挺天府の構造に復元する必要があるから、十分な予算と時間をかけて完全に復元されることを願っている。

ちなみに、和時計の歯車列について、何台かの和時計の歯数を参考に列記すれば次の通りである。

	一番車	二番車		三番車		四番車	
	歯車	カナ	歯車	カナ	歯車	カナ	歯車
①	六一	一〇	六二	六	五五	六	一五
②	六六	一〇	六六	七	五四	七	一五
③	七五	一二	六六	六	五六	六	一五
④	七二	一〇	七二	六	六〇	六	一七
⑤	七二	一〇	六四	六	六〇	六	一五
⑥	七〇	五	五五	五	一五		
⑦	七二	六	七二	六	二五		
⑧	八〇	六	七二	六	一七		
⑨	六〇	六	四八	六	一五		
⑩	八八	六	六六	六	二一		
⑪	七二	一一	六一	二〇	七二	一二	一七
⑫	八〇	一二	六〇	六	五四	六	一五

⑬　八〇　一一　六六　八　六〇　一四　一五

以上のように十三種類の和時計の歯車列の歯数を列記したが、渡辺虎松作の和時計は⑩、⑪、⑫の三種類である。⑩は飯田の個人所蔵の和時計であり、四番歯車はなく三番歯車がガンギ車になっている形式で、渡辺虎松の初期の作品と考えられる。⑪は松本市時計博物館に展示されているものであり、前述した修理後の歯数であることに留意されたい。また⑫は天保五年のものであり、前述した朝日村の古川寺所蔵のものである。⑬は渡辺虎松の作ではなく、長野市の善光寺大勧進宝物館に所蔵されている貴重な和時計である。

さらに渡辺虎松が松本藩主・戸田光年(みつつら)に献上し、「御時計師」になった初期の時計は戸田家にはないが、それは飯田市の原彰一が所蔵していた。その和時計は二挺天府の形式であり、時計本体の底の鉄板に「文化十四丁丑二月　信州上野住　御時計師　渡辺虎松信偏作」と刻まれている。文化年代の文字盤にローマ数字を使うことは殆どないので、明治五年の時刻制度の改正以後に文字盤を変更したと考えるのが妥当であろう(三九頁の写真参照)。

和時計の本体の高さ一五〇ミリメートル、幅一〇〇ミリメートル、奥行九五ミリメートル、最上部の鐘の止めネジ「一枚わらび手」までの高さ二〇〇ミリメートルである。特に松本藩主・戸田光年は「第一章　安曇野と拾ヶ堰」にも記述したが、文化十三年に拾ヶ堰が完成した翌年の文化十四年という同時代に私は注目している。

以上のように、文化十四年(一八一七)と文政三年(一八二〇)と天保五年(一八三四)の三つの和時計から推定して、渡辺虎松の年齢は当時三十五、三十八、五十二歳の計算になる。文化十四年の松本藩主・戸田光年への献上作品が最初とすれば、その数年前から製作に着手したことになる。その後、約三年間に一台の和時計を製作したと仮定すれば、没年の嘉永二年(一八四九)、六十八歳までの三十年間に製作した何台かの和時計が信州に埋もれているかも知れない。

時計技術遺産をめぐって

御時計師・渡辺虎松の刻銘を残した三つの和時計は、文化・文政・天保時代であり、天府形式は昼夜を別にした二挺天府式が採用される発展段階にあった。和時計の本体の上部に位置する鐘は大形で、その最上部にある鐘の止めネジは文化十四年のものは「二枚わらび手」、文政三年と天保五年のものは「三枚わらび手」の形式を採用していた。さらに後の時代では「くちなし」の形式に変化するのが一般的である。

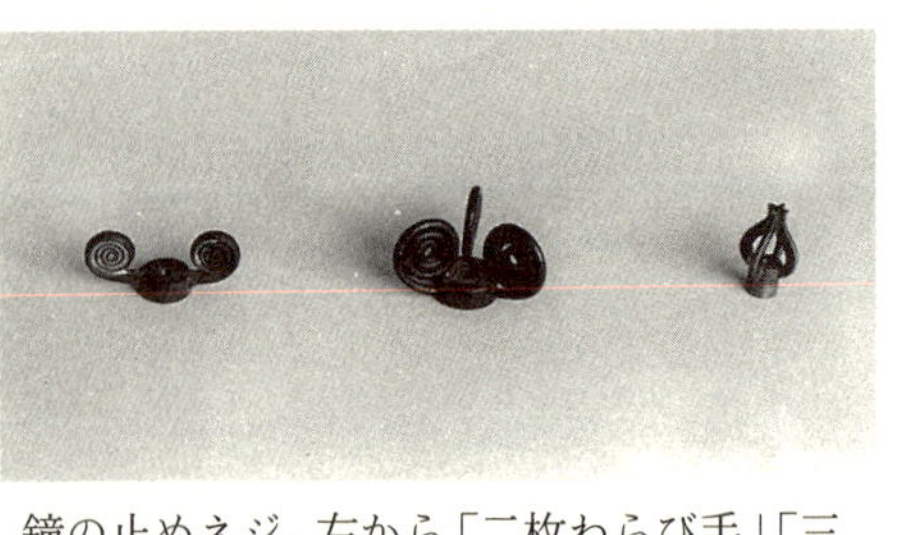

鐘の止めネジ。左から「二枚わらび手」「三枚わらび手」「くちなし」

特に天保五年の古川寺所蔵の和時計は文字盤の十二支は鼈甲製であり、昼夜切り替え機構が手動ではなく自動化・オートマチックになっていた。なお目覚まし付き機構が付いている。部品の欠損がなく、内部の歯車列は一番車は八〇枚（歯車）、一二枚（カナ）、二番車は六〇枚（歯車）、六枚（カナ）、三番車は五四枚（歯車）、六枚（カナ）、四番車は一五枚（ガンギ車）である。この和時計は百八十五年前の渡辺虎松の業績とともに、日本の時計技術史の研究にとって極めて重要な史料を提供することに繋がっている。

前述したように、今日まで約三百八十年の時計の顔・文字盤の変遷を概観するとき、キリシタン弾圧の時代から明治五年（一八七二）の時刻制度改正までの二百三十年間は十二支の文字盤であった。その後の百四十七年間が日本の近代化の道程である。その時計技術史の流れの中で、約三百年前の貞享年代の一挺天府式和時計が信州に現存する。京都の時計師・平山武蔵の作品（刻銘「京御幸町之住　平山武蔵掾長憲」）が信州上田・海禅寺に所蔵されている。それは当時の上田藩主・松平忠周が京都の所司代を務めたあと、信州上田に帰国するとき思い切った土産品を手に入れて帰国したと私は考えている。六文銭の紋章を持つ寺・上田城鬼門除けの寺といわれる海禅寺から上田城下に時を告げる鐘が打たれたと想像している。それらの代表作品、平山武蔵の時代と渡辺虎松の時代との和時計の発展段階の推移を詳細に比較検討することもできる。

いずれにしても、ヨーロッパにおいてルネサンスの時期に発明された時計が室町時代以降に日本に技術転移された。定時法の時計を不定時法の時計として動かすために、日本の時計師たちは涙ぐましい工夫と努力を重ねてきた。その結果、二挺天府式を発明し、半月毎に天府の分銅を掛けかえたり、季節の変化に対応する文字盤に交換して時刻を調整することも考案してきた。このような江戸時代の和時計の歯車仕掛けの技術的蓄積が次の時代の発明に繋がっていった。

それは安曇平の梓川村に近い堀金村岩原の臥雲山孤峰院の住職が、廃仏毀釈後に臥雲辰致と改名して、明治十年（一八七七）の内国勧業博覧会にガラ紡績機械を発明・出品した。世界的にみてユニークな紡績機械を発明をした臥雲辰致の業績と渡辺虎松の和時計の仕事とは同根であると私は考えている。その後も、例えば、今日の諏訪精工舎からセイコーエプソンの発展の歴史にも、信州独創の技術文化や風土や技術史の底流を渡辺虎松の「ものづくり」作品・文化遺産に直接触れて連想させられる。

参考文献

北野進「信州の和時計――渡辺虎松の業績――」（信濃毎日新聞夕刊ぶんか欄に一九八一年六月十五日～二十三日連載）
北野進著『信州のルネサンス』（一九八三年発行、信濃毎日新聞社）
北野進「上田海禅寺の和時計」（信濃毎日新聞朝刊文化欄に一九八三年十月十九日掲載）
北野進「和時計技術転換期のなぞ」（信濃毎日新聞夕刊ぶんか欄に一九八五年六月七日～十一日連載）
北野進「和時計技術転換期の探求」（『産業考古学』第39号に収録、一九八六年発行、産業考古学会）
北野進「和時計のなぞ」（『博物館講演集』に収録、一九八九年発行、長野市立博物館）
北野進「和時計技術転換期の研究――一挺天府式から二挺天府式へ――」（『日本の産業遺産』第Ⅱ巻に収録、二〇〇〇年発行、玉川大学出版部）
北野進著『信州　独創の軌跡――企業と人と技術文化――』（二〇〇三年発行、信濃毎日新聞社）
内田星美著『時計工業の発達』（一九八五年発行、株式会社服部セイコー）
塚田泰三郎著『和時計』（一九六〇年発行、東峰書院）
山口隆二著『日本の時計』（一九四二年発行、日本評論社）

第三章　臥雲辰致とガラ紡機の発明

臥雲の故郷・安曇野を訪ねて

ガラ紡機の発明家・臥雲辰致（がうんときむね）とは誠に珍しい氏名である。臥雲という姓は慶応三年（一八六七）の二十六歳のときから臥雲山孤峰院（現、安曇野市岩原に寺跡が残っている）という寺の住職をつとめたことに因んでいる。明治四年（一八七一）の三十歳のとき廃仏毀釈のため廃寺となり還俗することになった。臥雲山孤峰院の山号「臥雲」をとって姓とし、廃仏毀釈の後の新時代に出直したのであろう。幕末から明治への転換期はまさに激動の時代であった（口絵写真参照）。

そのことに関連して、かつて私が研究したことのある人物、日本赤十字社をつくり育てた人・大給恒（おぎゅうゆずる）は松平乗謨（のりかた）（信州・龍岡藩主、長野県佐久市臼田に五稜郭・龍岡城跡が残っている）の名前であったが、先祖の城・大給城（愛知県豊田市）に因んで「大給」としたのと同様である。

この二人、大給恒と臥雲辰致とはともに信州に関係がありながら、愛知県岡崎市の名誉市民の称号を昭和三十六年（一九六一）七月一日付でともに贈られていることも、偶然とはいいながら面白い。しかし長野県の関係町村の臼田町（現、佐久市）や堀金村（現、安曇野市・臥雲辰致の生地）や波田町（臥雲辰致の晩年の地）が名誉町民や名誉市民の称号をそれぞれに贈ったということはまだ聞いていない。この二人に共通するものは、ほとんど同じ時代を生きて、時代の変化に敏感に対応しながら、出直した先見性にあるように思われる。そして後世に残した優れた業績は、一世紀以上を過ぎた今、それぞれに今日的価値をますます増大している。

さて、その臥雲山孤峰院の跡を早春の季節に訪ねてみた。それは北アルプスの常念岳や蝶ヶ岳への登山道から少し離れたところにあった。かつての堀金村（安曇野市）から烏川に沿って常念岳への登山道がある。明治二十七年（一

臥雲山孤峰院跡の付近

八九四）にイギリス人の宣教師ウォルター・ウエストンが常念岳へ登ったのもこのコースであった。有名なウォルター・ウエストンの著書『日本アルプス　登山と探検』（"Mountaineering and Exploration in the Japanese Alps" London 1896）の中にも、山口家を訪ねたことが詳細に記録されている。

その山口邸の少し手前の道を左折して私は歩いた。坂道を上った左側に安楽寺跡があったが、そこから少し離れた樹林帯の中に臥雲山孤峰院の跡地をようやく見つけることができた。その寺跡に立って、波乱に満ちた臥雲辰致の生涯を想像した。ガラ紡機の優れた発明は高い山の頂上を極めるように着実に歩を進めたのであろう。安曇平に聳える常念岳はそれを象徴しているように見えた。

その堀金村は優れた発明家・臥雲辰致の生まれ故郷であった。小説『安曇野』（筑摩書房発行）の著者・臼井吉見も地元の出身であるが、臥雲辰致について何も書いてこなかった。そんなことを考えながら、新緑の安曇野を歩いた。ガラ紡機の発明家・臥雲辰致は、明治時代の十九世紀において日本の産業革命を推進した偉大な人物であると考えているが、何故か『安曇野』から忘れられてしまった。その生涯と業績について少しの光を当てながら、今日的視点から歴史の真相に迫ってみたいのである。

天保十三年のころ

臥雲辰致は天保十三年（一八四二）八月十五日、信濃国安曇郡小田多井村（現、長野県安曇野市大字三田字小田多井一九五番地）に父・横山儀十郎と母・なみの二男として生まれた。父は義重とか儀重とか書かれたものもあるが、儀十郎は十四郎の長男であった。母は筑摩郡田沢村（現、安曇野市豊科町）の村田孫市の二女であり、儀十郎のもとに嫁いできた人であった。臥雲辰致の生家、小田多井村のことに関連して少し触れれば、『南安曇郡誌』旧版（大正十二年十月十五日発行）には「三田村小田多井（当時の科布村）」と書かれ、新版・第三巻下（昭和四十六年四月十日発行）には「堀金村小田井」と書かれているが、いずれも間違いであろう。『長野県の地名』（一九七九年発行、平凡社）によれば、天保時代の村名は「小田多井村」と記されている。

ついでに、天保時代のことについて手元の『国史研究年表』（昭和十年五月十二日発行、岩波書店）を開いてみた。いわゆる「天保の改革」があった翌年、天保十三年にはさまざまな禁止令が出された年である。その中に書かれている「七月十八日　柳亭種彦歿　六〇」とあるのが目に止まった。松本市の浮世絵博物館に所蔵されている浮世絵、葛飾北斎が描いた「拷問之図」に関連する事件の死であろうか。そのことは荒井勉著『北斎の隠し絵』（信濃毎日新聞社発行）が詳しく推論している。この事件に巻き込まれないように、徳川幕府に反感を抱いていた葛飾北斎は信州小布施へ身を隠したのであろう。ちなみに葛飾北斎が幕府の隠密であるなどという全く違った小説を書いた作家もいるが、これは歴史を見る視点が狂ったか、史実を大切にしたいものである。いずれにしても、このような江戸時代の天保十三年に臥雲辰致は安曇平の小田多井村に生まれたのであった。

少年時代の栄弥

さて、臥雲辰致は幼名を栄弥といい、八人兄弟（兄一人、妹四人、弟二人）の二男であった。家では農業を営むかたわら、この地方の農家の副業であった足袋底（たびそこ）を作る仕事が行われていた。ちなみに松本周辺の足袋底作りは、天保年間に分部嘉吉という人が発明した機織（はたお）り器によって作られ、製品の評判が良かったといわれている。その製品は信州底とか石底とか呼ばれて各地で人気があった。その原料の綿・棉花は三河（愛知）、遠江（静岡）方面をはじめ地元の善光寺平から仕入れていた。その綿を手で紡いで糸にする手仕事、足袋底の原糸を作る仕事が農家の副業になっ

臥雲辰致が書いた履歴書

ていたが、横山儀十郎の家はその足袋底織りの問屋も兼ねていたようである。

横山栄弥少年がのちに（明治四年以降）臥雲辰致と改名していくのであるが、明治十五年に臥雲辰致が書いたといわれる履歴書・岡崎市郷土館所蔵の中にも、そのことが触れられている。それは「東筑摩郡役所」の罫紙に書かれているが、それによれば、「父家耕農及足袋底製ヲ以テ生業ト為ス九歳ノ時加州ノ人松下氏ニ就普通ノ習字ヲ学フ十二三歳ヨリ父兄ノ命ヲ受遠近ノ村落ニ奔走シ綿ヲ配リ糸ニ製スル事ニ従事セシカ器具ノ迂ニシテ工事其労ニ堪ヘス因テ為以是カ機械ヲ作リ以テ自他ノ労ヲ省カハ可ナリト欲シ砕心苦慮ノ功空シカラス十四歳ノ末季ニ至リ一小機械ヲ構造セリ然レトモ戯玩ノ具ニ似テ未タ実用ニ足ラス」と記されている。

このように十二、十三歳のころには取引先の農家へ出掛けて、綿を配り、糸を集める仕事を手伝っていたのであろう。自分の家をはじめ、それぞれの家の手紡ぎの作業工程を見聞すれば、誠に非能率であることが栄弥少年の目に映り、心に深く刻まれていったのであろう。綿を弓のようなものでビーン、ビーンと打ちながら、弓の弦(つる)の振動によって綿を弦にからませる打綿作業がある。それをブーイ、ブーイと手紡ぎの篠巻(しのまき)につくり、手で紡いでいく手紡糸作業がそれぞれ続くのである。この単純作業の繰り返しで糸は紡がれる。この手間暇のかかる手仕事を、夜遅くまで続けている母親たちの姿を見るにつけても、もっと能率的なよい方法はないかと考えたに違いない。

苦労な労働を改善するために便利な機械の発明が必要であった。聡明な栄弥少年は日頃このことばかりに集中して頭を使っていた。今日でいえば省力化・自動化への夢を百年以上前の十九世紀において、すでに描いていたのであった。それ以前の九歳のとき、嘉永三年（一八五〇年・ペリー来航の三年前）、寺子屋において松下某（加賀出身の人・松田斐宣ではないかともいわれている）に習字や文学を学んだといわれているが、発明家への道は教育制度には余り関係がないようである。古今東西の発明発見の歴史によれば、個々の人間の閃きと、のめり込みが偉大な業績に関係するように思われる。

発明の出発点

栄弥十四歳のころの話として伝えられるところによれば、火吹き竹の筒の中に綿を詰め込んで、火吹き竹の穴から綿を引き出していた。その綿が細く伸びて長くなるのをよく観察していたが、たまたま火吹き竹が手から離れてくるくると転がって糸に撚(より)がかかった。この偶然がヒントになって、苦心の結果、一つの機械を考案することに繋がったという伝説的な話がある。これはニュートンの万有引力とリンゴの話のようである。いずれにしても、日頃から一つのテーマに焦点を当てて苦労していれば、やがて偶然という必然の結果として、天才は発明発見の閃きに到達できるのではないか。

その時点で綿糸紡績機械、のちの臥雲機・ガラ紡機の発明の出発点があったに違いない。そのことは別項の「ガラ紡機の原理と構造」において詳しく触れてみたい。筒（壺ともいう）の中に入れた綿を真上にドラフト（引き出し）しながら、同時に筒を下方から回転して撚をかけ、糸に仕上げていく独創的な発想となった。のちに臥雲辰致は世界に類例のないユニークな発明への長い道程を辿ることになる。それは前述した常念岳への登山道を登る苦労にも増して、道なき道を独りいく、未知への挑戦であり苦難の連続に繋がっていくのである。そのことは明治時代になってからの臥雲辰致のことであるから、話を幕末の栄弥に戻すことにする。

前述した履歴書の中に書かれていた「十四歳ノ末季ニ至リ一小機械ヲ構造セリ然レトモ戯玩ノ具ニ似テ未タ実用ニ足ラス」とあるように、十四歳の終わりごろ、一つの機械を作ったが、玩具のようなもので実用にはならなかった。周囲の人々は誰一人として、栄弥の考案の可能性に対して理解を示そうとしなかった。むしろ変わり者扱いにされたようである。栄弥は昼となく夜となく紡機の開発のために夢中で努力し、全精力を注いでいた。

数年の歳月が流れて漸く、紡機の主要部分・筒の回転部分に改良を加えて、実用に役立ちそうな器械を開発した。地元の大工に依頼して試作し実験してみたが、予想に反して結果はよくなかった。横山家の父・儀十郎や兄・九八郎は怒って器械を壊した。「このような良材は火にくべても役に立つが、この無用の器械は何だ」といって、栄弥を罵り馬鹿にしたのであった。しかし、栄弥はこれに屈することなく、その失敗の原因を分析して、改良へ向けて懸命の努力を続けていった。

仏門に入り智栄となる

栄弥は家の手伝いが疎かになり、部屋に終日閉じこもることが多くなった。はた目には一種の精神病ではないかと思われるほどで、父や兄をはじめ家人は大変心配した。多分、今日ではストレスによるノイローゼのようなものであろうか。薬を飲ませたり、気分転換をするようにすすめたが、余り効果はなかった。父親の儀十郎は将来のことを心配して、隣村の岩原村（現、安曇野市岩原）にある寶降山安楽寺の住職・智順和尚に相談し、弟子にして貰うように頼んだ。

長野県堀金村の安楽寺跡周辺

発明への情熱をもって異常な状態にある栄弥を何とか自立させたいという親の願いと、栄弥自身の気持ちとの間には大きなギャップがあったかも知れない。それをどのように説得したか聞く術をもたないが、とにかく智順和尚のもとに弟子入りすることになった。坊主の法名は智栄と名付けられた。生来、のめり込むタイプの人物で聡明であるから、仏道に帰依して人一倍精進するようになった。

それは栄弥二十歳の春であり、年号は文久元年（一八六一）であった。ちなみに前述した『国史研究年表』によれば、前年の万延元年（一八六〇）に当たる安政七年三月三日には井伊直弼が桜田門外で水戸浪士によって暗殺された。その万延元年の翌年の二月十九日に年号を万延から文久へと改めている。二度目に来日したシーボルトが五月十一日に幕府の顧問に召されるとか、十二月十一日に孝明天皇の皇女和宮が十四代将軍徳川家茂へ降嫁するなど幕末の風雲急を告げる状況になってきた。

安楽寺の智順和尚のもとで修行を続ける智栄はひたすら仏道に精進した。お経を読み、学問を修め、徳を積み、やがて先輩の修行僧・智海を凌ぐものがあった。智順和尚は愛弟子の智栄を抜擢して安楽寺の末寺に当たる臥雲山孤峰院の住持とした。それは慶応三年（一八六七）、智栄二十六歳のときであった。四年後にこの寺の山号を自らの姓名に変えるほどの激動に遭遇するとは予測できなかった。

そのころ慶応三年には十五代将軍徳川慶喜の弟・昭武が幕府の名代としてパリ万国博覧会に出席した。これとは別に佐賀藩からは佐野常民ほか四人がチョンマゲ姿で参加した。この佐野常民が十五年後に臥雲辰致の面倒をみるのも偶然とは言いながら不思議な歴史の展開である。また臥雲辰致とともに岡崎市の名誉市民の称号を贈られている大給恒は信州に五稜郭・龍岡城（現、長野県佐久市臼田）を完成した。しかし時代は大政奉還へと進み新しい時代の幕開けが始まろうとしていた。

出直す「臥雲辰致」

幕末から明治維新への歴史の大転換について、ここでは触れる必要もないが、この時期に智栄は二十七歳になっていた。前述したように、二十歳で安楽寺に入り、二十六歳で臥雲山孤峰院の住職になった。それから一年後の明治元年（一八六八）、明治維新に遭遇したのである。疾風怒濤の時代は江戸・東京から遠い安曇平にも深刻な影響を与えた。特に明治初年の廃仏毀釈では松本藩が厳しく積極的に対応したから、この地方の寺々はほとんど廃止される運命となった。明治新政府の方針・太政官布告によって、神仏分離が行われ神社内の神宮寺が取り壊されるなど、神道が唯一のものとされた。

明治三年に松本藩知事の戸田光則は率先して、菩提寺の全久院を廃止して学校にするなど、廃仏毀釈の方針を推進した。したがって臥雲山孤峰院も明治四年には廃止された。住職になって足掛け五年、三十歳の智栄は職を失い還俗して出直すことになった。その心境を聞くことはできないが、極めて深刻であり、苦悩の再出発であったに違いない。仏門に入って十年、文久元年（一八六一）から明治四年（一八七一）までの期間は二十歳から三十歳までの貴重な体験をした十年間であった。これに終止符を打って出直すために、敢えて寺の山号「臥雲」を姓に、名前を「辰致」としたところに歴史的大転換の意味が込められているのであろう。

前述した自筆といわれる履歴書に「明治四辛未年旧藩主ノ勧誘ニヨリ帰俗シ姓名ヲ臥雲辰致ト改メ居ヲ烏川村ニ定メ再ヒ紡糸機械製造ニ従事シ……」とあるように山寺を降りて烏川村（現、安曇野市烏川）に居住した。寺の住職であったものが、自らの意志に反して還俗したのであるから、そのショックを乗り越え困難を克服して、新しい出発について思案したに違いない。その再出発こそ、かつて、のめり込み夢みた紡機発明の再燃であったと思われる。すでに三十歳を過ぎて人間的にも円熟し、思考力にも富んできたときだけに、発明家への道を自ら開拓しようと考えるのは極めて当然かも知れない。命を懸けた人間の決断であり、勇気であったように思われる。それは改名した「臥雲辰致」の苦難に満ちた人生の再出発であった。

再燃した発明の背景

時代の激動とはいいながら、もと来た道へ戻って紡績機械の開発を考案する日々が続くようになった。臥雲辰致の独創的な発明の方向は、在来の手紡ぎ技術の延長線上にあったから、多くの支持者を得て発明後に普及したように思われる。話は少しそれるが、この時代の信州の産業革命ともいわれる製糸業（綿糸紡績とは直接関係はないが）では、明治五年には、すでに上諏訪深山田（みやまだ）地蔵寺下に小野組・小野善助と土橋一族が協力してイタリア式製糸器械（東京築地製糸場の系統の技術・スイス人ミュラーによる）が導入されていた。このころ上高井郡雁田（小布施の葛飾北斎・天井画で有名な寺、岩松院の水を使用したといわれる）、伊那宮田、松本浅間（温泉熱を利用したといわれる）、信州中野などに波及していった。

次にフランス式製糸器械（群馬県富岡の系統の技術）が少し遅れて松代西条製糸場へ導入された。このフランス式のルーツは、明治四年に群馬県富岡に官営製糸場が伊藤博文、渋沢栄一、杉浦譲などの努力によって開始されたことによる。その背景には慶応三年のパリ万国博覧会に渋沢栄一や杉浦譲が幕府代表徳川昭武とともに洋行し、フランスのリヨンの町の製糸工場を視察したことが関係しているように思われる。また片倉兼太郎による座繰式が明治六年ごろから開始された。これは蚕の繭（一個の糸の長さは一千五百メートルも続いている）から糸を数本合わせてとる技術であり、臥雲辰致の綿（繊維そのものが短いもの）から糸を紡ぎ出す技術とは本質的に違うのである。このように糸を紡ぐ紡績業と繭から糸を繰る製糸業との相違を理解して頂きたい。

前述した製糸業とは別に紡績業はどのような発展段階にあったか見ておきたい。幕末の薩摩藩主・島津斉彬が安政年間に綿糸紡績機械や綿織機を設備して開始したといわれるが、西洋式紡績機械は、島津斉彬の死後八年を経過した慶応三年（一八六七）にイギリス製が導入され鹿児島紡績所としてスタートした。マンチェスターのプラット会社製作の開棉機・打棉機各一台、梳棉機・粗紡機各十台、斜錘精紡機三台およびスロットル紡績機（竪錘精紡機）を据え付けて、イギリス人数人を雇って布を織ったのが西洋式の最初と考えてよい。

その後、鹿児島紡績所の分工場を泉州堺（堺の島津藩邸の土地）に創設した。これは堺紡績所といわれるもので、イギリス製ミュール二千錘の紡績機械を注文し、明治二年から工場を建設、機械を据え付けて明治三年の前半に試運転を終わり、後半から綿糸紡績が開始された。この堺紡績所はのちに政府に買い上げられた。その理由は廃藩置県のためとか、島津の経営が不成績であったとか、政府が官営模範工場を必要としたとか様々にいわれるが、それらの諸条件が重なって明治新政府の西洋式模範工場・堺紡績所として明治十一年（一八七八）まで継続された。のちに民間に移され、泉州紡績などに変化していった。

また民間経営の日本最初の西洋式紡績所は、東京伝馬町の木綿問屋の鹿島万平が元治元年にイギリス製の紡績機械を横浜のアメリカ商人経営ウォルシ・ホール商会を通じて注文した。四年後の明治元年に到着したが、明治維新の最中であり、明治三年になって東京府豊島郡王子滝野川村（旧陸軍反射炉跡の一部）に工場を設立、明治五年に竣工した。この鹿島紡績所は民間資本による経営であった。これらの先駆的な西洋式紡績工場、鹿児島・堺・鹿島の三つの紡績所のほかは在来の家内工業的なものであった。

独自の道を開拓

当時、製糸業では政府指導型で積極的に推進されたことは、生糸の輸出によって外貨を獲得しようとしたからであろう。これに対して綿糸紡績の分野では西洋式の機械設備の導入が遥かに遅れていたのである。それを要約すれば、製糸業は日本産の原料の繭を生糸に加工する輸出品であった。これとは逆に、紡績業は良質の綿製品が輸入されていたが、一般的には家内工業的に生産されてきた従来からの国産の綿糸・綿布によって国内需要を満たす状態であった。したがって西洋式紡績機械を導入拡大する発展段階になかったのであろう。

イギリスをはじめとする紡績業が世界的に拡張され、日本の綿製品が海外市場へ輸出されるような条件はなかった。

前述した生糸・製糸業の器械化・機械化の場合よりも、紡績業のそれは約十年ほど遅れたのであった。のちに明治十四年の愛知紡績所（愛知県額田郡大平村）と明治十五年の広島紡績所の模範工場にイギリス製の二千錘の紡績機械をそれぞれ一台ずつ設置して開設された。

また別に十台の二千錘紡績機械を政府はイギリスから購入して、無利息十年間の年賦で明治十三年から十七年までに民間の希望者に払い下げた。それは玉島紡績所（岡山県　難波二郎三郎）、下村紡績所（岡山県　渾大坊埃三郎）、三重紡績所（三重県　伊藤伝七）、佐賀物産会社（佐賀県　同会社）、市川紡績所（山梨県　栗原信七）、豊井紡績所（大阪府　前川廸徳）、長崎紡績所（長崎県　山口孫四郎）、島田紡績所（静岡県　鈴木久一郎）、遠州紡績所（静岡県同会社）、下野紡績所（栃木県　野沢泰次郎）の十カ所の十台であり、一般にこれを十基紡と呼んでいる。

このほか政府が紡績機械の代金を立替払いした桑原紡績所（大阪三島郡石河村）二千錘・明治十五年、宮城紡績所（宮城県宮城郡七北田村）二千錘・明治十六年、名古屋紡績所（名古屋市正木町）四千錘・明治十八年の三つが設立された。このように明治二十年までに政府の保護のもとに、外国からの導入技術によって次第に大きな紡績工場が開業されていったが、これらとは全く関係のない独自の道を臥雲辰致は開拓していった。

日本独特の技術開発を推進したところに臥雲辰致の発明の真価がある。しかも、それは在来の手紡ぎ技術の省力化・自動化を考案して発明された紡績機械であり、優れて合理的な自動制御の発明であるだけに、十九世紀における驚異的な発明であった。今日においてもその自動制御は生き続けている。当時、この画期的な紡績機械は簡便で価額も安く、明治十年頃には四十錘が五十円程度であった。前述した紡績技術の発展段階によくマッチしていたから、この発明品が全国的に普及したのであろう。

松本の連綿社で製造

このような時代を背景にして紡績機械の発明の道を辿るのであるが、話を少し戻すことにする。臥雲辰致三十二歳の明治六年に、以前に手掛けたことのある紡機に改良を加えて、新しい器械を考案することができた。これは、のちの明治十年の第一回内国勧業博覧会に出品する機種の先駆的なものであるように思われるが、正確な記録はない。これは手紡ぎの方法を器械化・機械化し、自動的に代行させるメカニズムを工夫して太糸・粗糸を紡ぎ出すことに成功したものであろう。従来の手紡ぎ法の手紡車によるものよりも遥かに人手を省き簡便であった。そして明治八年に専売の権利を獲得すべく請願したが、当時はまだ特許制度がない時代であり、公売を許されたが、模倣品が作られて発明者の権利と利益とに浴することはなかった。

臥雲辰致はその年、東筑摩郡波多村（現、長野県東筑摩郡波田町）へ居を移した。波多は今日では波田と書くようになったが、争いが多く波多いのはよくないとして、のちの昭和八年（一九三三）に波田と改名したといわれている。波多に移ってから川澄東左（当時の古文書には、藤左ではなく、東左と記録されている。古文書との整合性を考慮して本書では東左とした）の世話になった。豪農で大地主の川澄家が田畑や山林の測量を臥雲辰致に依頼したのが最初の関係といわれている。臥雲辰致自身がどのような測量技術を身につけていたか不明である。発明のための資金もなく川澄家の邸隅に居住していたが、見込まれたのか、のちに明治十一年、長女・川澄たけと結婚した。ちなみに明治五年ごろ、烏川村時代には松沢くま（南安曇郡北大妻村・現、梓川村）と結婚したが、明治九年に離縁しているようである。松沢くまは発明家の内助の功に疲れたのであろうか。

臥雲辰致の発明を物心両面から支えた中心的人物は川澄東左に違いないと思っていた。かつて私は、四十年前の昭

川澄東左の写真（川澄高教所蔵）

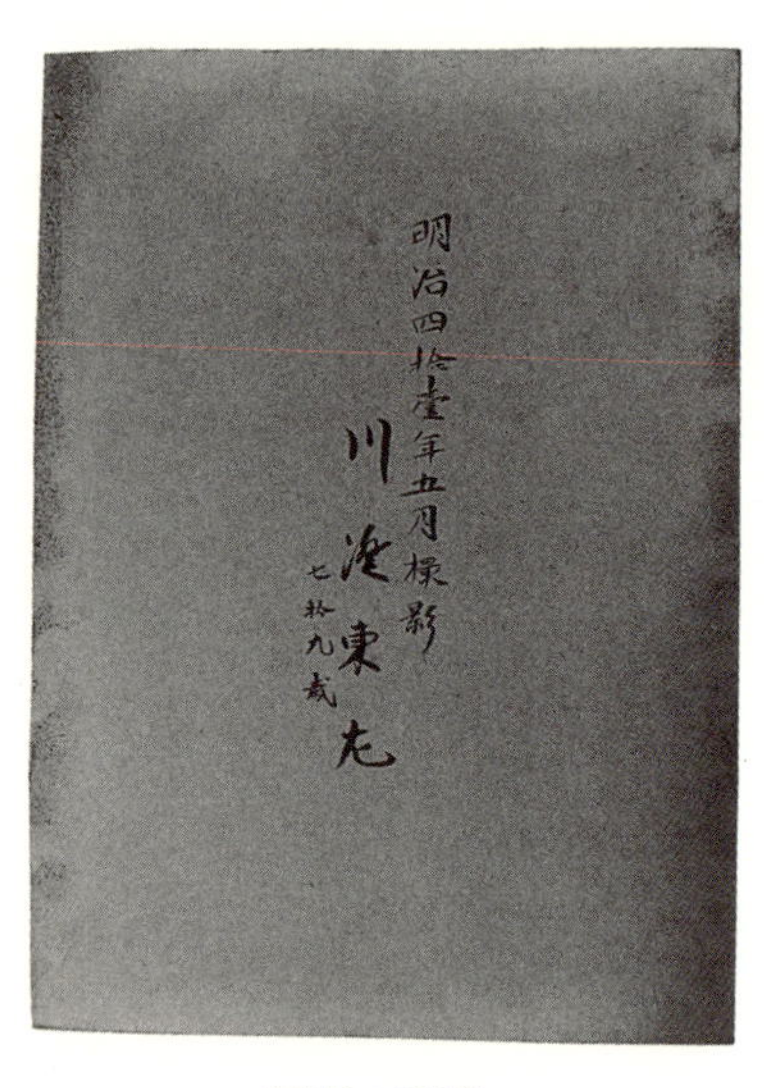

写真の裏書

和五十一年（一九七六）に岡崎市郷土館の所蔵史料を調査したことがある。そのとき「川澄東左」という封書を見たことがあった。それ以来、それが脳裏に深く刻まれているので、藤左、藤太、東左衛門などと書かれたものに疑問をもっていた。松本市役所の臥雲辰致の戸籍記録には川澄藤太とあり、榊原金之助著『ガラ紡績業の始祖　臥雲辰致翁傳記』には川澄東左ヱ門と書かれ、村瀬正章著『臥雲辰致』には川澄藤左と記されている。

　そこで最近、川澄家の菩提寺に当たる波田町の安養寺の住職・小松照道に調査依頼の手紙を書いた。その後、お寺の資料や住職のご厚意によって川澄家（長野県東筑摩郡波田町上波田四六一六、川澄高教所蔵）の史料を拝見、確認することができた。保存されている写真の裏書「明治四拾壹年五月撮影　川澄東左　七拾九歳」（本人の自筆と思われる）や古文書にも「東左」、位牌にも「眞川徳院釈智馨碩翁眞清大居士　大正二年七月初一日　東左　年八十四」とある。墓碑には「藤左」とあったが、「東左」の父親が「藤左衛門」であることも確認できた。また波田町役場の戸籍記録について、前記の川澄高教にお願いして確認して頂いた。その結果、そこには「藤左」と記録されている。

しかし、「此戸籍ハ明治四拾弐年四月参日火災ニ罹リ滅失ニ付明治四拾弐年拾月弐拾八日戸籍副本及ヒ届出ニ因リ再製ス　戸籍吏　武居正彦」と記載されていた。ちなみに、ここに記録されている武居正彦は臥雲辰致に協力し、特許証の中に名前を残している人物であるが、私にとっては誠に偶然的な出会いであった。いずれにしても、松本市役所の「藤太」など信頼性に乏しいので、本書では多くの古文書にその名前を残している「川澄東左」を重視した。

川澄東左やその知人の経済的援助により、臥雲辰致は明治九年三月になって器械の製造に成功した。細糸の製造に適するものを開発したといわれる。この時期に、筒の回転をオンオフ（ＯＮ・ＯＦＦ）する自動制御によって糸の太さを自動的に調整することに到達したのであろう。当時、政府の内務卿・大久保利通は殖産興業に力を入れ、全国的に産業奨励を行ったときであった。長野県吏の河合、杉浦両氏はわざわざ出張してきた。この発明品を運転させて詳細に調べた結果、従来の手紡車にない優れたものであることが分かったので大いに称賛した。そしてこれを松本の開産社に陳列することを勧めた。

開産社は松本の北深志町二二八番地にあった。明治六年に筑摩県令永山盛輝が企画し、筑摩郡・安曇郡・諏訪郡・伊那郡・飛騨大野郡に指示して、明治七年に設立されたものである。その開産社の要領大綱は、「第一　業ヲ勧メ産ヲ開ク事　第二　義務ヲ盡ス所ニシテ私利ヲ射ル場ニアラサル事　第三　縣廳ノ保護ノ旨趣ヲ践行スヘキ事」と記されている。その目的を要約してみると「会社の名前は開産社といい、県下の産物をよくしたり、動植物を繁殖させ、貿易を拡張し、人々のために厚生のことを考え、その事業を行って人心を盛んにする」ということである。

臥雲辰致は勧めに応じて、明治九年五月から協力者三、四名とともに発明した器械の製造を計画した。開産社内の一部を借りて、ここに住み込み、連綿社という会社を設立して綿糸紡績器械の製造を開始した。以前には発明品を勝手に模倣され、自分の利益を得ることに繋がらなかったので、改良した重要部分の機構は秘密にするようにした。こ

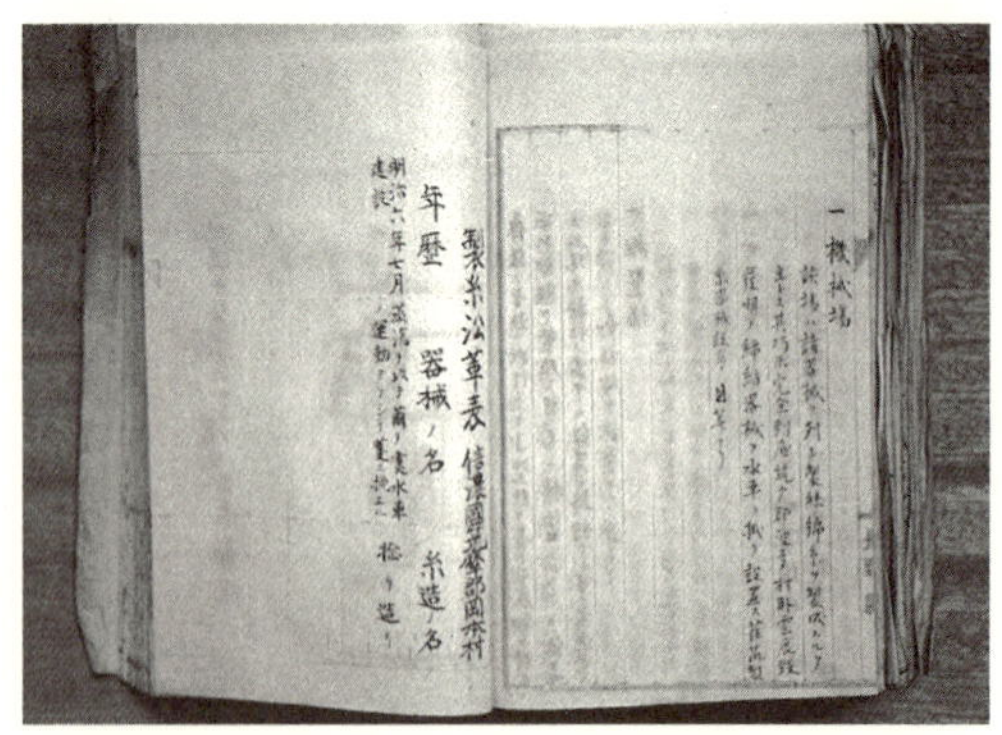

開産社関係史料（長野県教育委員会文化課所蔵。現在は長野県立歴史館所蔵）

のことに関連して波多村の大工・百瀬与市や製作一手引受人・吉野義重から提出された「約條証書」がこれを証明しているように思われる。明治十年一月に北深志町に工場を設立した。

今まで一本ずつしか紡ぐことができなかった手紡ぎ法に比較すれば、数十本を自動的に紡ぐ綿糸紡績器械の発明は隔世の感がある。女鳥羽川の水流を利用した水車動力で運転するように工夫したのであった。そして明治十年六月にさらに改良を加えていった。前年から計画されていた第一回内国勧業博覧会が八月から予定通り東京上野において開催された。松本の開産社内の連綿社で臥雲辰致が完成した綿糸紡績器械がいよいよ出品されていくのである。たまたま、この年の二月から突発的に起こった西南戦争は九州熊本を中心とする日本最大の内乱となった。前述した鹿児島紡績所はこの戦乱の影響を受けたが、明治三十年まで継続されたのであった。

第一回内国勧業博覧会

明治十年八月二十一日から十一月三十日までの会期で第一回内国勧業博覧会が東京上野で行われた。これは明治六年のウィーン万国博覧会を参考にして準備したのであろう。ウィーン万国博覧会には佐野常民が副総裁（総裁は大隈重信であった）として参加した経験があったが、西南戦争の最中であり、博愛社（日本赤十字社の前身）の創設に向けて大給恒とともに佐野常民は多忙であった。これも歴史の偶然であったように思われる。後に触れる明治十四年の第二回内国勧業博覧会には、佐野常民は審査総長をつとめていることも極めて当然のことであったと考えている。

さて、この第一回内国勧業博覧会は日本最初の試みであった。開会式の当日、明治天皇陛下は大礼服に勲章をつけられ、皇后陛下は紅梅色の薄衣に緋（赤い色の絹）の半袴を召されて会場に行幸・行啓された。博覧会総裁の内務卿・大久保利通が奏上文を朗読しているのであるが、私が愛用している前述の『国史研究年表』には、内国勧業博覧会のことは一行も書かれていない。その点から推察しても、西南戦争が如何に大事件であったかが窺われる。しかし、この第一回内国勧業博覧会こそは日本近代化への出発点をつくったものと思われる。

このとき、松本の連綿社で製作された臥雲辰致の発明品、木綿紡績機械が出品された。資金的にも困っていたから、協力者の武居美佐雄（筑摩郡波多村・現、波田町）、波多腰六左（筑摩郡波多村）、青木橘次郎（安曇郡倭村・現、梓川村）の三名が尽力した。ちなみに同村の協力者の武居美佐雄は波多村戸長をつとめ、波多腰六左は波多堰（現、波田堰・明治四年着工明治十五年完成）の開拓者として名前を残している人物であり、ともに有力者であった。そのことは「連綿社条約書」（九箇条、明治十年九月九日付）の四名（臥雲辰致と前記の三名の協力者）の連署の文書に記されている。

ここでは、その一部の第三条を参考に記せば、「第三条　太糸機械五個整頓ノ上ハ毎月末ニ計算シ其有益ハ発明人並社員三名都合四名ヘ平等ニ割賦スヘシ尤モ臥雲氏ハ発明ノ違巧コレアレトモ機械ノ運動今日ノ勢ヒニ至ル迄ハ其経費金莫大ナリ然レトモ都テ之ヲ社員三名ニテ取賄ヒ此辛苦功労モ不少且今般東京内国勧業博覧会ヘ細糸機械出品ニ付テハ其器製造ノ費ハ勿論臥雲氏並機械運転ノ人夫等博覧会会期限迄在京中ノ雑費往返ノ旅費ニ至ル迄一式社員三名ニテ出額ヲ要スルヲ以テ向後一己ノ有益物ト御詮議コレアリ専売特別等ノ允許ヲ受クルトモ万般有益ノ部分ハ発明人社員ノ別ナク悉皆四名ヘ割賦シ甲乙無之事」とある。

これを要約すれば、太糸機械五台を連綿社に設置し稼働させてその収益は四名で平等に分配する。臥雲辰致は発明者であるが、これまでに莫大な経費を三名が負担してきた。また今回東京の内国勧業博覧会へ細糸機械を出品する場合も臥雲辰致と機械を運転する人夫などの東京滞在中の雑費や旅費まで一切三名が出費するので、専売特別の許可があり利益が生じた場合には発明者と社員三名とを区別することなく公平に分配することをお互いに契約しているのである。

出品された綿紡機械

前述したように、第一回内国勧業博覧会には細糸機械の木綿紡績機械一台が出品された。会期前に、東京上野寛永寺の大慈院の台所を借り、機械の組立と調整を行った。いよいよ公開展示された臥雲機・ガラ紡機は会場において実演された。「自費出品願」には綿紡機械とあり、別記の国立公文書館所蔵の英文の出品目録「OFFICIAL CATALOGUE OF THE NATIONAL EXHIBITION OF JAPAN」には「GAUN TOKIMUNE. do. Cotton spinning machine. (1).」と記載されている。

自費出品願

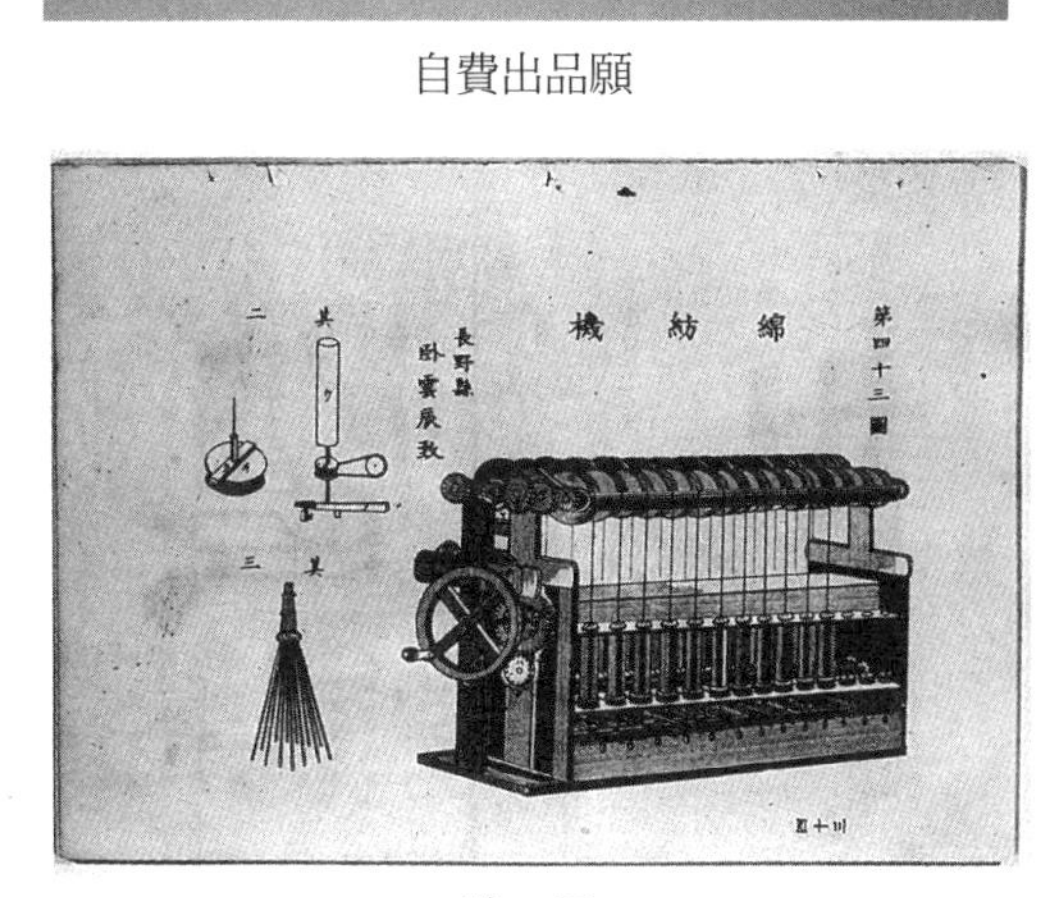

略　図

さて、この機械の概要について触れておきたい。村瀬正章著『臥雲辰致』（吉川弘文館発行）では口絵の部分で「初期のガラ紡機（第一回内国勧業博覧会出品のもの）」として、大阪の綿業倶楽部所蔵のものと思われるものを掲載しているが、これは間違いである。したがって出品されたガラ紡機の現物は見当たらないので、『明治十年内国勧業博覧会出品解説』（国立公文書館所蔵・内閣文庫）から、その概略を私流に要約しておきたい。

そこには略図が示されている。片側二十個（錘数）、両側合計四十錘のブリキ製の筒（直径一寸五分、長さ七寸）に原料の綿を詰めて、ハンドルを手動で回転するようになっている。しかも、その下部には天秤機構（今日的意義が極めて大きい優れた自動制御機構）がそれぞれ取り付けられ、紡ぐ糸の太さを自動的に調整する仕掛けである。上部の糸を巻き上げる部分は、松材を輪切りにして糸巻きにし、手動力に連動して回転するようになっている。この優れた機械の発明品は会場において実演されたから、参観者の驚きは想像を超えるものがあったと思われる。最近、私が見つけた史料によれば、会期中に二十二台、合計金額一千八十円の注文（約定済）が殺到したのである。既刊書籍には十数台とか、数十台とか書いているが、いずれも間違いであろう。

鳳紋褒賞を受賞

この第一回内国勧業博覧会の出品総数二百十一点のうち、紡織部門の出品数は六十三点であり、計算すれば二九・九％を占めていた。そのうち紡機関係（織機を別にすれば）では長野県の龍口重内と斎藤曾右衛門・倉島兵蔵（共同出品）と臥雲辰致とのほかに泉州堺の外ノ岡久馬の合計四台だけであり、紡織部門では僅かに六・三％（全体では一・九％）であった。当時、先駆的な技術開発であったことがこの数字からも窺われる。その中で臥雲辰致は最優秀賞に当たる鳳紋褒賞の受賞に輝いたのであった。日本近代化のためのお雇い外国人・顧問のワグネルをはじめ『明治十年内国勧業博覧会報告書』（五四頁）によれば、「臥雲ノ機ハ余以テ本会中第一の好発明トナス」と激賞した。このことはヨーロッパ方式の先進技術を凌ぐものがあり、ユニークな発明であったからに違いない。

そのことに関連して、「鳳紋褒賞之證状」の「褒賞薦告……（中略）……審査官長　正五位前島密　右審査官ノ薦告ヲ領シ之ヲ授與ス　明治十年十一月二十日　内務卿従三位大久保利通」の中に記されている。すなわち「木綿絲機械　長野県管下　信濃国筑摩郡波多村　臥雲辰致」とあり、「洋製ヲ折衷シテ装置宜キヲ得タリ價値不廉ト雖モ亦有用ノ器トナスヘシ」の文章の「洋製ノ折衷」が気に掛かる。このことは歯車機構を指しているようであるが、さすがにワグネルの眼力はその本質の「紡ぐ技術」の優れている点を見抜いて、『報告書』には記載されているように思われる。しかし日本の関係者はガラ紡機の「糸を紡ぐ新方式」の本質的なメカニズムよりも、歯車機構の問題点に目が向けられて「洋製ノ折衷」という表現になったのではないかと推理している。

復元された臥雲辰致のガラ紡機
（安城市歴史博物館所蔵）

これに関連して、『明治十年内国勧業博覧会報告書』に記載されている文章内容は多少異なっている。参考までにここに追加することにした。「其装置ノ尤異トスベキハ綿ヲ綿筒ニ装シテ回轉セシメ絲巻ノ引用ニ由リテ自然ニ絲緒ヲ抽出スルニ在リ……洋式ノ工程ハ都テ數回綿條ヲ引伸シテ漸次ニ細縷トナラシムルモノニシテ直ニ纖絲トナスニアラザルナリ故ニ臥雲氏ノ機ハ以テ極細ノ絲ヲ製スルニ堪フベカラズト雖トモ其數回ノ工程ヲ省クノ功験ハ一時歐米人ノ機巧ト騈馳スト謂フモ亦殆ント過稱ニアラザルガ如シ之ヲ要スルニ歯輪ノ配置猶少シク冗贅ヲ免レザルモノアリト雖トモ其緊要ノ装構ハ極メテ簡單ナルモノト謂フベシ……」と記している。

ここでは、ガラ紡機と西洋式との違いをはっきりと述べている。西洋式では前工程（打綿、梳条、練条など）、粗紡工程を経て細糸にすることができる。しかし、臥雲氏の機械は極細糸を製造することはできないが、その数回の前工程を省くことができるのである。歯車の配置は冗贅であるが、その重要な機構は極めて簡単であるという意味のことを記している。いずれにしても、合理的で簡単な原理によって、糸を見事に紡ぐ方式は観覧者の目を驚かした。性能のよい割に、それほど高くない機械を購入すれば、能率を上げることができたから大いに全国へ普及したのであった。

世界に誇れる「紡ぐ」アイデア

世界に類例のないガラ紡績の機械はどのように糸を紡ぐのであろうか。少し技術的な問題も含めて考えてみたい。

私の手元には、産業考古学会の同学の友人・玉川寛治（大東紡織株式会社）から昭和六十二年（一九八七）一月に頂戴した論文「がら紡精紡機の技術的評価」（『技術と文明』・第四冊三巻一号　別刷）が保存されている。これは貴重で優れた研究論文であるが、一般の人には専門的過ぎるので難解の部分も多いと思われる。当時、私は長野県岡谷工業高等学校（前身は諏訪蚕糸学校）に勤務しており、同校には繊維工業科（現、生産システム科）があったので、生徒にその論文の要点を話したことがあった。それを思い出しながら、ここに書いておきたい。

私たちの身の回りにある織物や糸は様々な方法によって作られている。自然の恵みの天然繊維から糸を作るには、原料の天然繊維それ自身のもつ繊維の長さや性質によって、「繰る」、「紬ぐ」、「紡ぐ」、「績む」などの漢字が使われている。蚕の繭の糸の長さは一千五百メートルほどもあるといわれ、それから生糸をとることは「繰る」、「繰糸」である。繭から作った真綿を原料にして糸を引き出し、絹の紬糸を作ることが「紬ぐ」であり、綿や羊毛のように短い繊維をドラフトして撚（より）をかけて糸にすることが「紡ぐ」である。また麻や芭蕉などの帯状の長い繊維を引き裂いて、それを繋いで糸にすることが「績む」であろう。これらをもとに「紡績」という言葉もつくられてきたと思われるが、「紡ぐ」ことの操作や工程を総称して、今日では「紡績」と呼んでいる。

「紡ぐ」操作で大切なことは、糸にするときに同時に撚がかけられていることである。臥雲辰致がガラ紡の機械を考案するヒントは、火吹き竹に詰めた綿を穴から引き出したときに、たまたま火吹き竹がくるくると転がって撚がかかったという話もあるが、真偽のほどはわからない。前述した「繰る」生糸や「績む」糸などでは最初に撚がかかっていない糸が作られる。その後で必要に応じて撚糸機械にかけて糸を撚るのである。ここに、長い繊維原料を糸に仕上げる「繰る」場合と、短い繊維原料を糸に仕上げる「紡ぐ」場合との大きな相違がある。

ガラ紡の機械を発明した臥雲辰致の苦労は「紡ぐ」ことの一点に集中していたに違いない。綿から引き出した一筋の糸にどのようなメカニズムで撚をかけるかが問題である。綿を詰めた円筒を下から回転して撚をかけるところにガラ紡の機械の特徴がある。これに対して、引き出した糸を上から回転するように工夫し、撚をかける方式がヨーロッパ・西洋式の発明であった。イギリスの産業革命に大きな役割を担った紡績機械（ジェニー紡機）や後のミュール紡機などはこの方式といってよい。

このように西洋式の紡績機械は引き出した糸を回転しながら撚をかけているが、臥雲辰致のガラ紡機は、原料の綿に回転を与えながら引き出された糸に撚をかけていく、逆の発想であるように思われる。この微妙な違いが、一筋の糸に目に見えない質の違いを与えて、人に優しい柔らかな構造の糸・和紡糸から「和布」を作り上げているのであろう。

最近、マスコミではときどきエコロジー・環境問題と「和布」の効用について、水の汚染と洗剤・界面活性剤の過剰使用が問題になり、「和布」を使用すれば洗剤はいらないなどと書かれた文字を目にするようになってきた。それにつけても「世界の人々にとって、本当の技術開発や発明とは何か」と考えさせられる昨今である。ここに臥雲辰致の発明の今日的な価値を理解することができる。そして、その発明思想は今日の技術最先端をいく自動制御やオープンエンド（OPEN　END）方式の紡績機械に脈々とつながっている。

ガラ紡機の原理と構造

さて、臥雲辰致の発明したガラ紡機の原理と構造について少し触れておきたい。図は糸を紡ぐ主要部分の説明図である。原料の綿をよくほぐしてから円筒状に巻いたものを撚子（よりこ）というが、これを筒・壺（つぼ）（ブリキ製の円筒で上部は空いている）に適当に詰める。壺の大きさは、内径一寸四分（四・二四センチメートル）、長さ六寸〜一尺四寸（一八・一八〜四二・四二センチメートル）程度のものが使用されている。壺の底板には壺芯というスピンドル（回転軸）が取り付けられており、これが一体になって回転する仕掛けである。

壺は上部の眼鏡板の穴と下部の遊鼓（ゆうごま・ゆうご・遊子・遊合ともいい軸受とクラッチの両方を兼ねている）と遊鼓台に支えられて、遊鼓にかかる調糸（ベルト）によって回転運動をすることができる。さらに壺の下部と遊鼓の上部に羽根という鉄片がつけられている。これはクラッチの役目をしている。紡ぎ出されていく糸が上へ引っ張られる力とバランスして、壺が上へ引き上げられれば羽根は互いに離れ、壺の回転が止まる。壺が下へ下がれば壺の羽根は遊鼓の羽根と接触し、遊鼓の回転動力を伝えられて壺が回転する。このように壺の回転を自動的に調節しながら、紡ぎ出されていく糸の太さを自動制御する素晴らしい発明である。

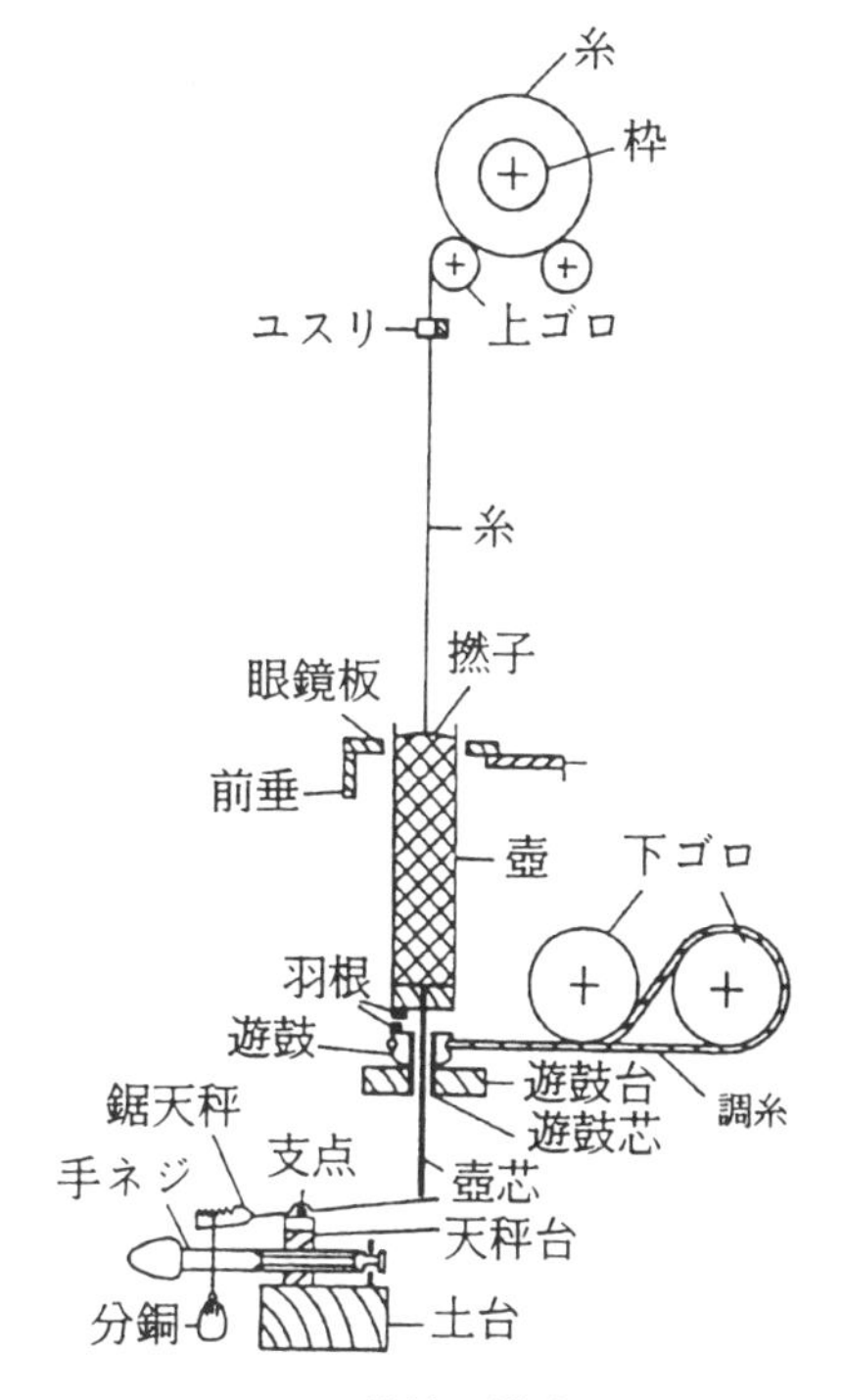

ガラ紡機の構造

稼働しているガラ紡機

優れた自動制御

今日、自動制御（Automatic Control）という言葉は産業技術分野では一般に用いられ、ロボット工学などの最先端技術に象徴されている。ところが、ガラ紡機の壺が上下に動く様子と糸に撚をかけていく状況とは、これほど微妙で合理的に力学の世界の法則にかなっているものはない。誠に巧みな自動制御の発明である。臥雲辰致こそ自動制御の元祖であると確信するようになってきた。

私は機械工学を専攻し、自動制御もそれなりに勉強してきたが、「臥雲辰致と自動制御」という話を聞いたことがない。その意味でも自動制御の教科書には画期的なガラ紡機の発明を入れる必要があると思っている。例えば、「自動制御の思想の端緒は日本では臥雲辰致によって明治時代・十九世紀において行われ、ガラ紡機の開発の中で実践された。……」とでも書いて、日本人の優れた発明・創造力や独創性を今日的視点で見直すことは大切であろう。

話が少しそれたので、撚をもとに戻すことにする。糸に撚がかけられていくところを観察してみると、一様の太さでない一筋の糸は、最も細いところ（力学的には弱いところ）へ自然に集中して撚がかけられ、次第に強さを増していくのである。太いところ（力学的には強いところ）には撚がかからないから伸びるのである。この自然法則にかなった原理を観察していて連想したことがある。今日の社会福祉のあり方「弱いところに手厚く」ということを、十九世紀にすでにガラ紡機は示唆していたように思われる。次第に一様な太さになろうとする糸が自動的に上ゴロの回転によって枠（糸巻き）に巻取られる。

なお図の中のユスリというのは、糸が糸巻き枠に巻き取られるときに、左右にユスリ・揺すり（図では前後に相当）平均して巻き取るような装置のことである。その糸に働く張力によって太い部分が引っ張られて細くなろうとする。細くなれば撚がかかり、太い部分は引っ張られて細くなる。それは下方にある天秤機構（鋸天秤にかけた分銅の重さと位置に関係する）とバランスをとりながら、自動的に連続的に一様の太さの糸になるように紡がれている。このように無理のない自然法則にかなった原理であり、優れた発明であった。

ついでに、図の中の天秤機構の働きについても触れておきたい。分銅の重量をW_1（初期のものは砂袋）、壺の重量をW_2、撚子の重量をW_3、糸の張力をT、支点と分銅間の距離をL_1、支点と壺芯間の距離をL_2とすれば、近似的に次の関係が成立する。$W_1 \times L_1 = (W_2 + W_3 - T) \times L_2$のように釣り合うはずである。撚子は原料の綿を円筒状に巻いたものを壺の中で動かないように詰めたものであり、その重量（W_3）は十匁（三七・五グラム）ほどである。糸が紡がれていくと、その重量が次第に減少していくので、支点からの距離L_1、L_2などを変化させてバランスをとることも工夫されてきた。紡ぎ出されていく糸が切れている状態で、糸の張力Tは零であり、このとき壺底の羽根と遊鼓の羽根が接触するように、分銅と支点間の距離L_1によって天秤のバランスを調整するのである。

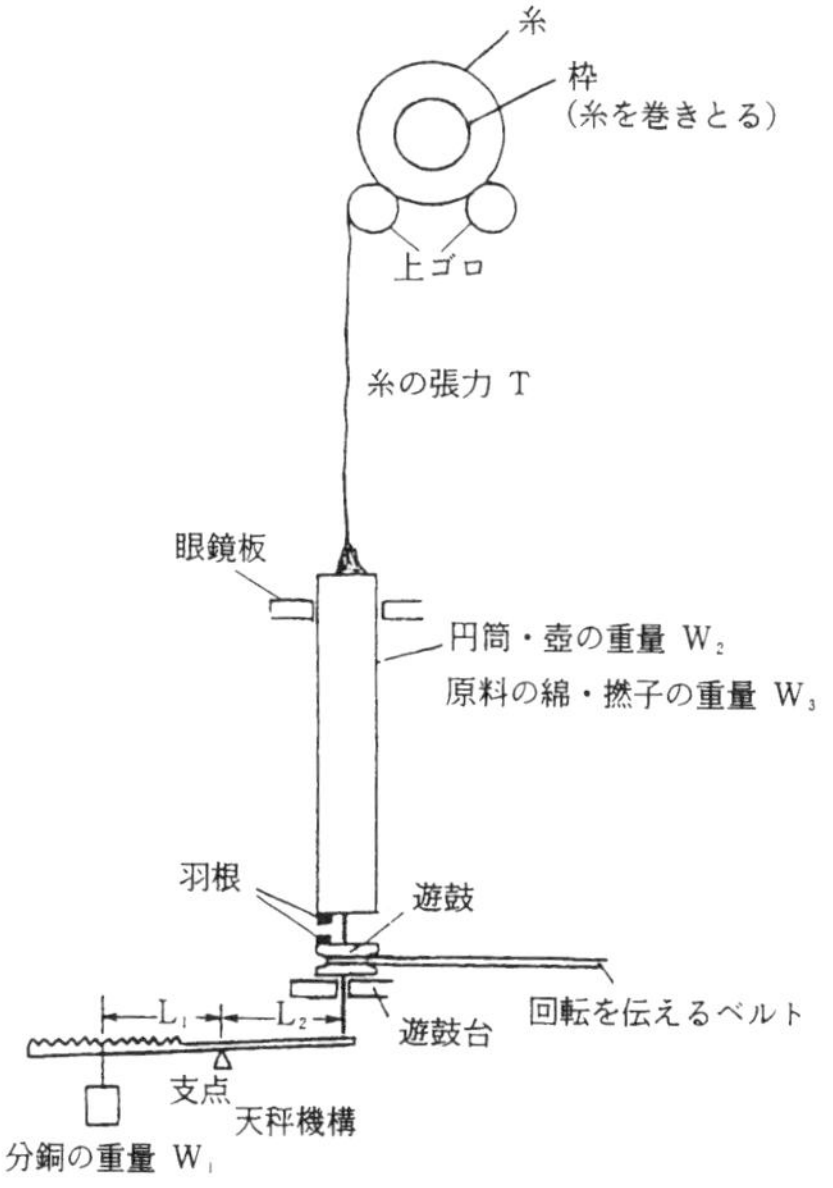

さて、よく調整された状態で壺が回転運動するとき、上部の枠に巻かれている糸を少し巻き戻して、その糸の先端を撚子（原料の綿）の表面につけると、糸がつながり紡ぎ出しがスタートする。上部の枠が回転し糸が巻き取られるにつれて、撚子の表面から綿の繊維がドラフトされるのと同時に、壺の回転によって撚がか

ガラ紡機の原理

けられながら、糸が連続的に紡ぎ出されていくのである。

前述した天秤機構が糸の太さを自動制御する主要部分であり、羽根クラッチの作用によって壺の回転がON・OFFされる。この壺の回転と停止との動作を適当に繰り返しながら、糸を紡ぐ自動制御の働きがガラ紡機の最大の特徴であると考えている。勿論、紡ぎ出される糸の太さは、原料の綿の繊維の長短、撚子の詰め方と固さ、引っ張り速度など様々な条件が複合している。いずれにしても世界的に傑出した発明である。

技術の再評価を

臥雲辰致が発明したガラ紡機によって、綿が紡ぎ出され、糸に転換する状態のメカニズムについて前項まで詳しく書いてきた。今までこの点に触れたものは、ほとんどなかった。前述した玉川寛治の論文は技術的問題をとりあげた貴重なものであると思っている。従来の技術的評価について、例えば明治十八年(一八八五)六月に日本学士院において開催された講話会で荒川新一郎(繭糸織物陶漆器共進会の審査部長を担当)が報告している。当時、出品された国産の西洋式紡糸とガラ紡糸の品質試験結果に関連して、「本邦紡績者操業ノ要訣」と題して講評している。その中で西洋式紡糸と臥雲紡糸・ガラ紡糸の相異に触れて「臥雲紡糸ノ洋式紡糸ニ劣レル所以ノモノハ第一綿毛梳整ヲ受ケス繊維能ク整理セサルニヨリ第二紡糸真理ニ反シ伸撚ノ方法完整ナラサルニヨル」と述べているのである。

それを要約すれば、「臥雲方式が西洋方式に比較して劣る理由は、第一には綿毛梳整をしないためであり、第二には紡糸の真理に反して、伸ばして撚をかけていないからである」という意味の批評をしている。果たしてそうであろうか。当時、各地から出品された糸の製品に製造技術上の問題があり、紡糸の試験結果から臥雲式が西洋式の紡糸の強度よりやや劣っていた。そのことから、紡ぐ方式が真理に反すると荒川新一郎は結論したのであろう。それは今日からみれば大変な間違いであったと思っている。したがって、一世紀以上も過ぎた今日、そのガラ紡の技術を正確に再評価してみる必要があろう。

私の見解は、「ガラ紡績は、イギリス産業革命を支えた西洋式の紡績機械のように高速度で均一な糸を紡ぐのではなく、低速回転で地球の引力を利用した自動制御によって糸を紡ぐのである。素材の綿に無理な力を加えることもなく、綿の繊維が自然に絡み合って紡がれている。したがって糸の太さは一様ではないが、適当に凹凸をもつ糸がガラ紡の糸の特徴である。これは技術史的にみても、世界に類のない日本独特の紡績法であり、……」である。これこそ、真理に沿った発想であり、臥雲辰致の発明ではないか。

今日まで、荒川新一郎の評価をそのまま受け売りしてきた書籍も多いように思われるが、それらは百年の風雪に耐えることはできなかったと考えている。そこで本当の技術とは一体何であるかを真剣に問い直してみる必要があろう。荒川新一郎から真理に反すると批判されたガラ紡の原理は、一九六〇年代に入ってから、主流を占めたリング方式精紡機を乗り越えた技術開発に応用されている。最近の先端的紡機のオープンエンド（OPEN END）、OE方式といわれる紡績機械に蘇っている。これこそルネサンス・技術復興である。したがって臥雲辰致の発明思想には、今日的時代の真理にかなった、古くて新しい技術の問題が提起されている。諺には「Art is long, Life is short.」といわれるが、人間にとって本当の技術とはこれだと考えている。

コンピュータ制御と比較して

二十七年前、平成四年（一九九二）十一月二日（月）、信州大学繊維学部（所在地、上田市常田三―一五―一）の機能機械学科に篠原昭教授と中沢賢教授とを訪ねて、久々に親しく話す機会があった。中沢賢教授は二十年ほど前から、従来のガラ紡機の自力制御をコンピュータ制御による自動制御と比較して研究されてきた。『日本繊維機械学会　第43回年次大会研究発表論文集　論文要旨集』（平成二年・一九九〇年六月七日発行）によれば、その研究の動機は「ガラ紡が一般の紡績法に比べ機械の構造が単純な割に比較的良好な糸がひけることに注目して、その紡糸原理を研究し、ガラ紡が糸の張力によって糸の太さとより数を安定に定める自力制御性をもつことを明らかにした。……」と記されている。そのガラ紡の原理を研究するために、今日のメカトロニクスの技術を応用した機械装置「張力制御によるツイストドラフトスピニング（ＴＤＳ）」（Twist Draft Spinning Controlled by Yarn Tension）を中沢賢教授の研究グループは開発した。それは略図のようなシステムである。前述した臥雲機の天秤機構による紡糸の太さを調整する機構の代わりに、上部に糸の張力センサ（ストレンゲージを応用した感知器）と太さセンサ（光学的な太さ感知器）とを設置している。このうち張力センサの電気的出力をコンピュータを介してＤＣサーボモータにフィードバックしている。そして糸に与える撚を筒の回転で加減することによって、糸の張力を一定に制御できるように考案されたシステムである。

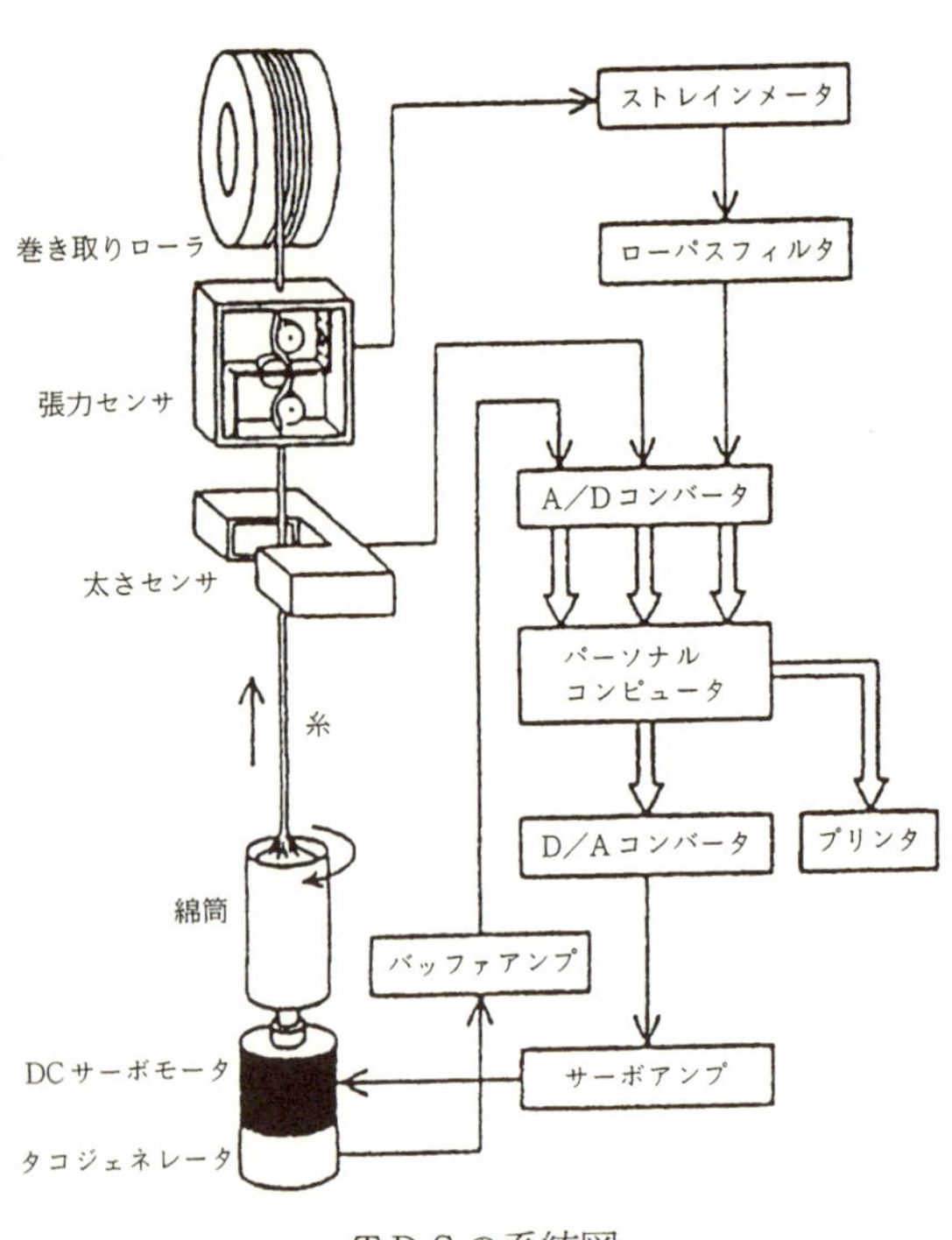

ＴＤＳの系統図

臥雲機の場合は、筒の上下動によって羽根クラッチのオンオフ（ＯＮ・ＯＦＦ）制御をするから、機械的な方式である。紡糸の張力が大きくなれば、筒は引き上げられて羽根クラッチがはずれる。筒の回転は停止するが、惰性（慣性の法則が働く）によって、すぐには停止しない。今日の自動制御の言葉で表現すれば、「応答の遅れ」は避けられないのである。それがガラ紡独特の紡糸を仕上げていくのであろうか。

これに対して、コンピュータを応用したＤＣサーボモータの動作は回転・停止・回転・停止を確実に実行するから、均一な太さの糸を紡ぐことも可能になり、応答性がよいのである。臥雲機においては筒が上下に動くが、コンピュータ制御の場合には、筒はＤＣサーボモータに直結しているので筒の上下動は不要である。糸の張力を検出して、電気的出力に変換してサーボモータの動作に連動させ、筒の回転速度を制御するのである。信州大学繊維学部の機能機械学科では、この機械装置を用いて、様々な条件下で興味深い実験が試みられている。

私はその研究室を見学したことがあるが、オンオフ制御や比例制御など今日の自動制御工学の観点から、従来のガラ紡について検討が加えられている。それによれば、コンピュータ制御による「ＴＤＳ」の開発によって、ガラ紡機の標準的な運転速度より速い約六倍のスピードまで高速化が可能であるといわれている。そして紡糸の品質は従来のガラ紡機より均一で細い糸を紡ぐことにも成功している。このように信州大学繊維学部の工学博士・中沢賢教授が中心になって開発・発明した機械は、平成三年（一九九一）一月七日付で金井重要工業株式会社の名義で、特許を取得したと聞いている。

今日、技術の最先端をいくメカトロニクスを応用した自動制御と十九世紀における臥雲辰致の発明したガラ紡機の機械的な自動制御とを比較してみれば、電気的か機械的かの自動制御の相違がある。速度において数倍の差があり、細い糸を紡ぐことができるようになったが、両者の間に流れた歳月は百年以上の違いがある。それだけに、明治時代における臥雲辰致の自動制御の発明は、まさに驚異的な発明といわなければならない。しかも、フィードバックという自動制御の概念のない時代に、独力で開発したガラ紡機に取り付けていることは、ヨーロッパにおけるジェームス・ワットの蒸気機関の調速機の発明に匹敵するように思われる。現在からみれば、臥雲辰致のガラ紡機は回転速度が遅く、生産能率が低いこと、細糸の困難性、原料供給の不連続性などの問題点はあるとしても、今日まで百年以上、約百四十年も糸を紡いできたのである。ここに明治十年（一八七七）内国勧業博覧会に出品した臥雲辰致のガラ紡機械の優れた発明の本質が潜んでいる。

明治十一年・天覧のこと

第一回内国勧業博覧会の翌年・明治十一年には明治天皇陛下の北陸東海両道御巡幸があった。このときの様子は東京日々新聞社の記者の岸田吟香が「御巡幸の記」として八月三十一日から同紙に連載している。これを収録したものに『信濃御巡幸録』（昭和八年三月五日発行、信濃毎日新聞社）がある。それによれば、九月九日「……十時頃縣廳の傍に設立したる博物所を御通覧ありて製絲場へ臨御あり、……」と記されている。

また『御巡幸参拾年紀念號』（学友第三十七号、長野師範学校編）には「縣廳の東道を隔てゝ西方寺の西に接する迄の地域を有し、六間に四間の二階建を本棟とするもの之を勸業物品陳列場（勸業場博物場物品陳列所等種々の通稱あり）とす。縣下の物産、古書畫、古器物等を陳列し、建物の周囲には小作なる林檎、葡萄、其他種々の植物を植う。縣立にして第二課（勸業）之を管理經営せり。聖上には縣廳御出門有りて、直に勸業場に御著輦、陳列品を御通覧在らせ給へり。此處に陳列して叡覧を忝うしたるものは其數極めて多し。（本縣縣令奏上書類に之を載す）勸業場を御發輦ありて、勸業工場（製絲場とも呼ぶ）に御臨幸あらせらる。勸業工場は師範学校より道（今の旭町）を隔てゝ西に位し、東方に門を設く。聖上には器械製絲（工女二十五人）座繰製絲（工女十一人）眞綿掛（工女六人）紬引き（工女六人）機織（二人）秋蠶飼育（二人）綿紡器械運轉（五人）藍染（八人）紙漉麻製造（二人）外に木曾山の駒二頭（之は勸業場内に出すべき筈なりしが都合により此處に出せり）を御通覧の上師範学校臨御在らせらる。……」と記録されている。

ここに記された「綿紡器械運轉（五人）」について、長野県の保存文書『公文編冊　明治十一年　北陸東海両道御巡幸ノ節奏上書類』の中に「新発明　一　綿紡器械運轉　筑摩郡波多村　臥雲辰致　筑摩郡南深志町　横山與一郎　安曇郡倭村　上兼與四郎　上條綾治　伊那郡里見村　龍口重内」と次の頁の写真のように書かれていた。また『明治十一年　天覧物品書類　全　農商』の中には、写真のように「綿紡器械扱人　滞在日数」として五人の名前が書かれ、臥雲辰致は九月六日から十七日まで滞在したことが記録に残されている。これほど当時、長野県を代表する世界的な発明であった。

そのとき「金拾五銭」の酒饌料を長野県は臥雲辰致に贈っているが、滞在費や日当などは別に支給されたものと考えている。ちなみに、当時の臥雲機・ガラ紡機の標準的なタイプは百錘（筒の数）であり、その機械の価額は七十五円であった。このころの郵便はがきは市外一銭、市内五厘（〇・五銭）であるから、これを参考に「はがきの単価五十円」で計算すれば、機械一台の値段は約七十五万円、酒饌料は一五÷〇・五×五〇＝一五〇〇円ということになるのであろうか。また、当時の標準米の値段は五十一銭（十キログラム当たり）といわれる。今日の標準米の値段を約五千円として計算すれば、五〇〇〇×一五÷五一≒一四七一円となるから、大体一千五百円と考えてよいのであろう。

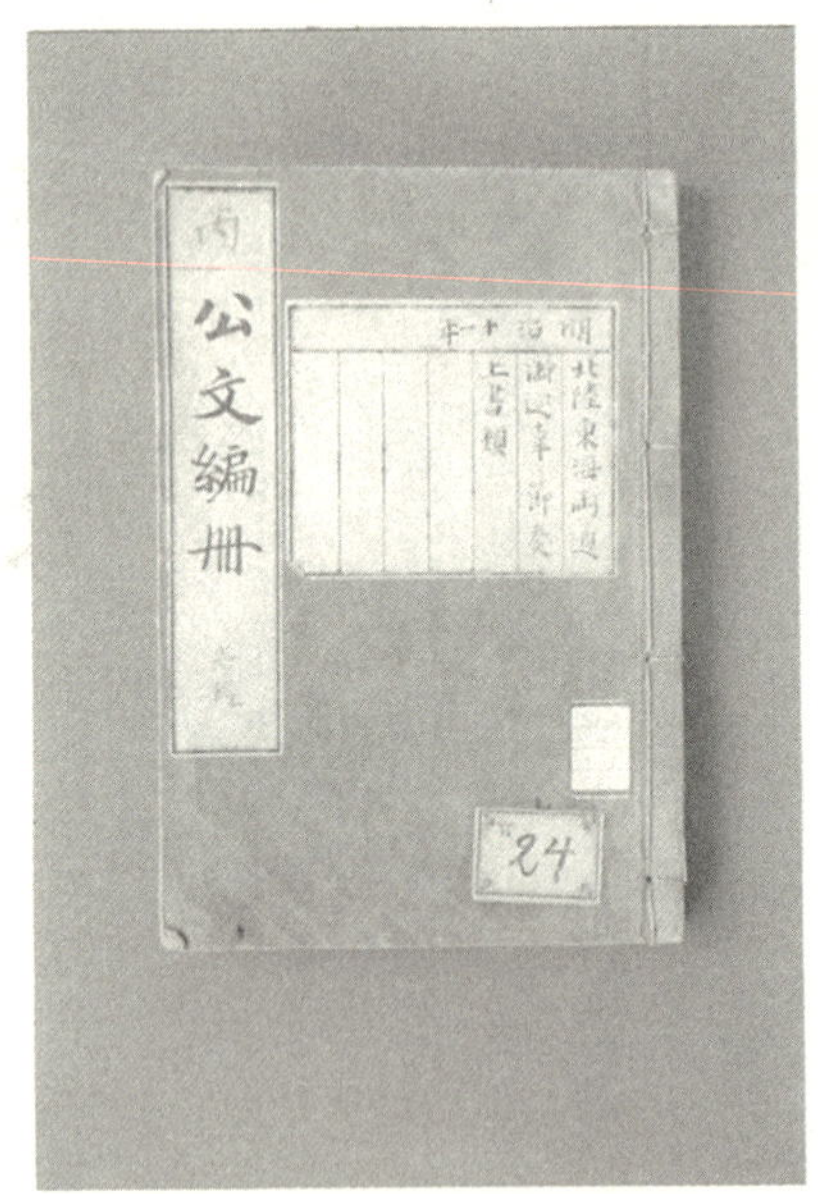

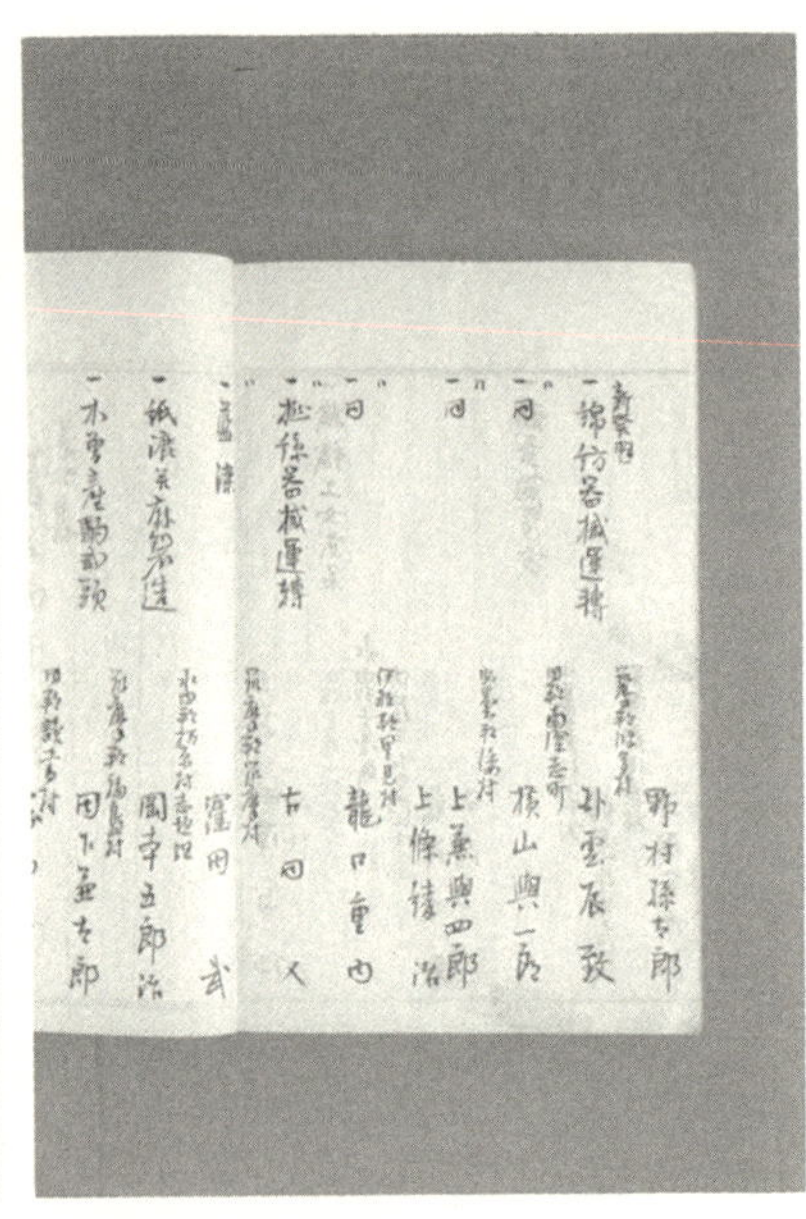

綿紡器械運轉　筑摩郡波多村・臥雲辰致

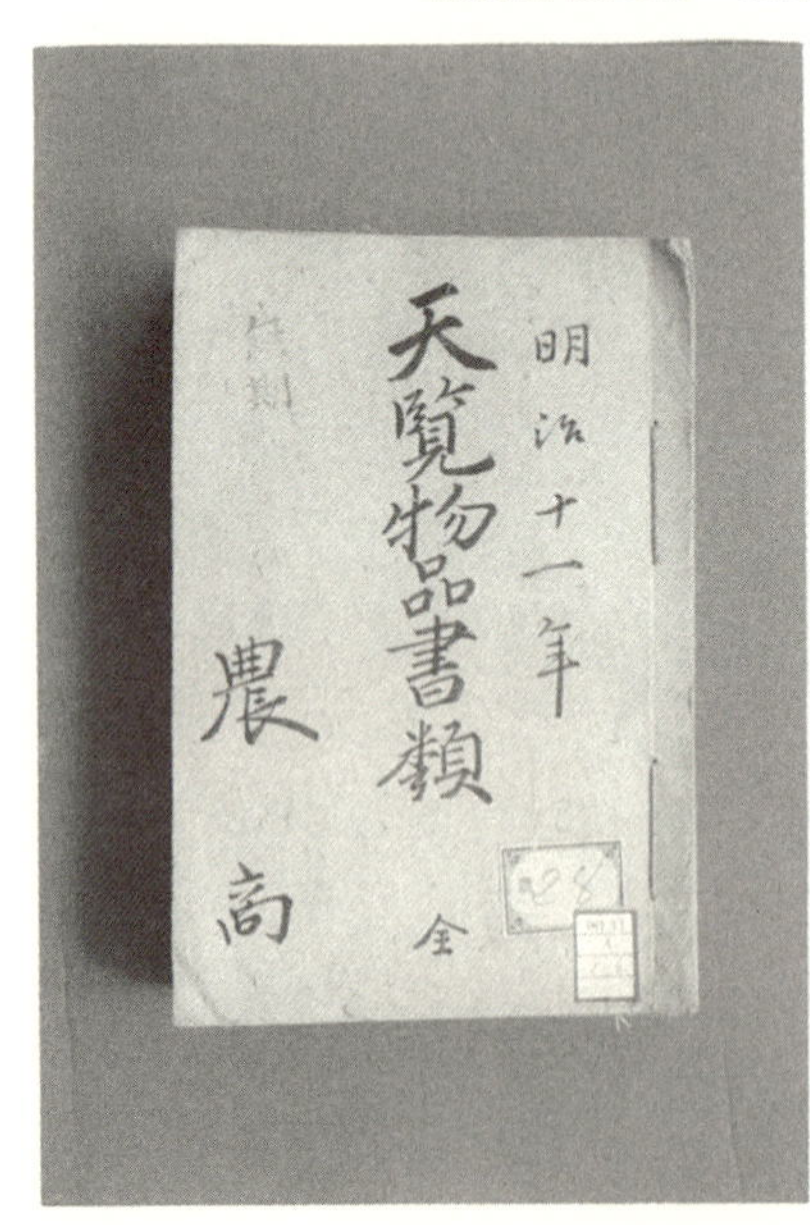

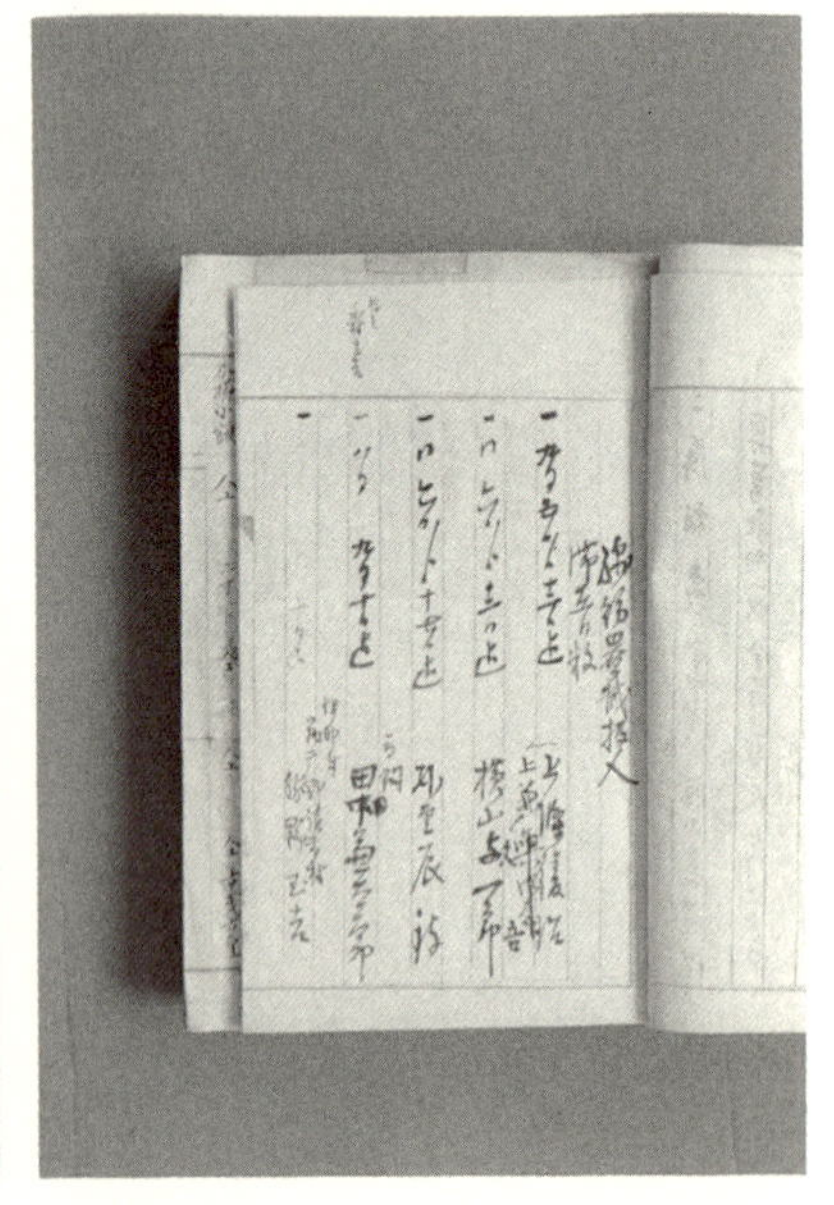

綿紡器械扱人　滞在日数

松本の連綿社の盛衰

ガラ紡機の評判は高く、注文は各地から殺到した。松本の連綿社では前年の明治十年五月一日付、山梨県上今諏訪村の金丸平甫との「機械假約定書」に沿って臥雲辰致が機械の据え付けに出張した。明治十一年五月には山梨県大井村の田中舊富、杉山孝左衛門、杉山庄作、増穂村の長澤清明、秋山彌右衛門、秋山喜太郎、志村六右衛門の合計七名の連名で「定約書」が「長野県筑摩郡波多村　臥雲辰致殿　松澤源重殿」宛に提出されている。これは機械の製作販売に関するものであり、百錘の機械一台七十五円のうち二十五円を給料として臥雲辰致へ渡すと書かれている。五十台以上になった場合は一台につき二十円とも書かれている。このような経過を経て山梨県大井村に連綿社の支社が設立された。

また東京神田連雀町一八番地の岡本金蔵方に東京支社を設け、各府県からの需要に応じた。記録によれば五百八十五個（台）を製造販売した。静岡県駿河国沖津（現、清水市）や石川県下越中国富山千石町（現、富山市）などにも支社を設置して販売に当たった。特に石川県・富山県へは、保存されている「賣買約定證書」（明治十一年十月二十日付）によれば、「綿紡細糸機械五十口取十八箇　此代償金六百参拾圓」すなわち綿紡機械五十錘型十八台を六百三十円で「石川縣下第三大區小三區富山千石町　三橋貞繁殿　駒井之愛殿」と契約したのであった。この書類には「長野県下信濃國筑摩郡松本　開産社内　連綿社　波多腰六左　青木橘次郎　臥雲辰致　武居正彦」の四人の氏名と印がある。すでに武居美佐雄は引退して正彦と交替していることが窺われる。このあと臥雲辰致が機械の据え付けに出張し、糸挽工女を松本の本社から派遣して技術指導に当たっている。

このようにして、僅か二、三年の間にガラ紡機は全国へ普及したのであった。明治十三年には東京府下だけでも百五十カ所を数えるほど普及した。関西の堺には五名、岸和田に十名、河内泉州地方に数十名の経営者を輩出した。また、愛知県額田郡にも二十五戸のガラ紡工場の経営者がいたと榊原金之助著『ガラ紡績業の始祖　臥雲辰致翁傳記』には記されている。この辺りの事情は同書に譲りたいと思っている。

全国的な普及に対して、松本の連綿社の本社は明治十二年一月に組織を改めた。頭取　波多腰六左、同副　武居正彦、会計係　神田弥五造、機械製作　臥雲辰致、製糸係　石田周造であった。当時の記録「連綿社證言」「社則」（十五条）、「連綿社々則附録」（十定款）などのコピーも私の手元にあるが、紙幅の関係からここでは割愛する。臥雲辰致の優れた発明も特許制度がまだ確立していない時期であったから、臥雲機の模造品が横行して、前述したように臥雲辰致や連綿社の利益に繋がらなかったようである。小型機種を購入し、その原理を真似て自分の発明品のようにして製造販売したものもあった。今日では国際的な特許について特許料の問題が起こるケースもあるが、臥雲辰致はこの恩恵に浴することもなかった。いずれにしても連綿社の名前は有名になったが、次第に経営不振になったのである。

明治十三年七月に連綿社は東京支社を閉鎖した。松本の連綿社は小型機械の販売を停止し、大型機械・一千錘以上の機種の製造販売に方針を転換した。しかし、連綿社の経営が悪化してくると、共同経営者の間でも意見の相違があり、トラブルがあったに違いない。もともと臥雲辰致は優れた発明家であったが、工場経営者として素質はなかったかも知れない。この段階で臥雲辰致の悩みは大きかったと考えられるが、明治十三年十二月に連綿社は事実上解散した。その後は臥雲辰致の個人経営として存続することになった。

話は少し戻るが、明治十三年六月十六日から七月二十三日まで明治天皇陛下の山梨三重京都御巡幸が行われた。六月二十四日には塩尻峠を経て馬車で桔梗ヶ原から松本の行在所に御着きになられた。その翌日、二十五日には再び臥雲辰致のガラ紡機をご覧になったのである。前述した二年前の天覧のときの機械とは違って一段の工夫が加えられていた。このときの様子は『信濃御巡幸録』や『松本市史』（昭和八年発行）に僅かに記録されている。「……臥雲辰致の発明せる機器には殊に御目をとどめさせられ……」と書かれている。

このとき太政大臣・三条実美、大蔵卿・佐野常民などは連綿社の工場を視察し、臥雲辰致を激励した。佐野常民は幕末に佐賀藩・鍋島藩の精錬方の主任（今日でいえば理科学研究所の所長であろうか）を勤めた人物であるから、発明家・臥雲辰致の心と苦労を誰よりも理解していたように思われる。この佐野常民が翌年、明治十四年の第二回内国勧業博覧会の審査総長をつとめ、博覧会後において大森惟中（審査官）とともに臥雲辰致の面倒をみる背景がここにあると考えている。

第二回内国勧業博覧会

明治十四年（一八八一）の春、三月一日から第二回内国勧業博覧会が東京上野において開催された。出品点数は四百八十九点というから、前回の二百十一点に比較すれば約二・三倍となった。紡織関係は二百六十五点で全体の五四・二％を占めたが、前回の四点から二百六十五点へと実に六六・三倍にも大きく増加した。これは当時の社会的な要請によるものであろうか。臥雲辰致の出品は開会期日には間に合わなかったが、遅れて綿紡機械を出品した。窮迫した中で貧しい生活と闘いながら、臥雲機の改良のために苦しい努力を続けてきた。その苦労の甲斐があってか、「二等進歩賞」（一等賞はなかったのでこれが最優秀賞である）の受賞の栄に輝いた。

第二回内国勧業博覧会に出品するまでの経緯について少し触れておきたい。松本の連綿社はすでに解散し、臥雲辰致と家族の生活は非常に困窮しており、出品する紡機の資金を工面することも困難な状態にあった。東西を奔走した結果、これに援助してくれたのは南安曇郡東穂高村（現、安曇野市穂高）の青柳庫蔵であった。三月十日付の「約定書」によれば、青柳庫蔵が機械の運賃・往復費・滞在費などを負担し、機械が売れたときには純益を臥雲辰致と折半する約束で協力する意味のことが書かれている。

また、そのころの史料「青柳綿紡會社創立証書」によれば、「第三條　一　当會社ハ本縣下南安曇郡東穂高村四千四百七十八番地ニ設置スベシ」とあり、資本金五万円（壱株　百円　五百株）と書かれている。十人ほどで会社を設立する予定であったが、実現しなかったようである。青柳庫蔵の家の菩提寺は、廃仏毀釈の前まで岩原村の安楽寺であったというから、臥雲辰致に関係のある寺であり、そこに何らかの繋がりができたのかも知れない。この青柳庫蔵について、村瀬正章著『臥雲辰致』（吉川弘文館発行・人物叢書）の中には下高井郡穂高村（いまの木島平村）とか間違ったことを書いているものも見られるので、念のために少し触れた次第である。

青柳庫蔵

第二回内国勧業博覧会は三月一日から始まっており、青柳庫蔵の資金援助の約束ができたのが三月十日、「請願書」（第二回内国勧業博覧会出品のための請願書）を「長野県令楢崎寛直殿」宛に提出した日付が三月二十六日であった。この書類は長野県関係文書の中に保存されていない。私は昭和五十一年（一九七六）に岡崎市郷土館の所蔵文書の中で見たことがあった。何故、長野県公文書が長野県に保存されていないのであろうか。当時は不思議なこともあると思ったが、今でもその謎は分からない。

その「請願書」の写真を掲載することは紙幅の関係から割愛するが、その文章の一部を原文のまま記録しておきたい。「東筑摩郡元波多村住　現今同郡北深志町　松本開産社内住　臥雲辰致　一　綿糸紡績器械　壹具　但附属品共高四尺五寸　巾四尺　長七尺」とあり、「……十二年十月ニ至ル迄再度器械ヲ更生シ漸次効力相加ハルト雖モ未夕意ヲ達スル能ハス其間幾許ノ失敗アルモ敢テ屈セス尓来寝食ヲ忘レ夙夜焦慮シ以テ一ノ改造方ヲ案出シ既ニ昨十三年五月器械改造方ニ着手セント欲スル際不圖モ事故相生シ東西江奔走シ候ヨリ無據之ヲ抛棄ニ附シ置候然ル處本年二月下旬ニ至リ漸ク該事故相解ケ候ニ付期限後レニ候得共事情上申今般御開設ノ第二回博覧會場江器械出品方思立尚再思スレハ……（中略）……試験仕候處器械ノ活動且使用方等意外簡便ニシテ紡糸多量ヲ製出スルニ至ル茲ニ於テ出品ノ念再燃シ頻リニ愛願仕度最モ御成規之アル中殊ニ御開場後ノ請願故陳列ノ區内余地無之候ハハ御場内ノ片隅成リ共拝借仕出品致シ度一途ニ志願仕候……」と記されている。

このように、期日に遅れた出品願の「請願書」には会場の片隅でもよいから場所を拝借して出品したい願望を述べている。ここに発明家の情熱、発明に生き、発明に命を懸ける男・臥雲辰致の悲壮な叫びが聞こえてくるようである。この願いが当時の審査総長・佐野常民や審査官・大森惟中に通じたのであろう。四年前の第一回内国勧業博覧会の鳳紋褒賞の受賞者の実績があったからか分からないが、とにかく出品され、「二等進歩賞」最優秀賞の栄誉に浴した。期日遅れの出品者に最高賞を与えるところに明治時代の「ゆとり」のようなものを感じる。今日では、そんな発想や弾力的な扱いはないと思われるが、やはり臥雲辰致の発明が抜群であったから、このような例外的な取り扱いに対して文句が出なかったのであろう。

『明治十四年第二回内国勧業博覧会報告書』、『第二回内国勧業博覧会審査評語』（国立公文書館所蔵・内閣文庫）などの史料のコピーも手元にあるが、審査官・大森惟中が報告書の筆を執り、審査総長・佐野常民宛に報告している。

臥雲辰致に関する記述は随所に読むことができるが紙幅の関係からここでは割愛する。それらを象徴するものとして「二等進歩賞」の薦告の全文をここに記録しておきたい。

「第二回内国勧業博覧會　綿絲機械　長野県信濃國東筑摩郡北深志町　臥雲辰致　該機發明以来模倣一時ニ遍ク爲ニ幾分ノ製額ヲ増ス知ルヘシ今回又改良ノ効ヲ見ル猶益々工思ヲ凝シ製絲ヲ精細ナラシメハ利益ノ及フ所連綿トシテ盡キサラントス其進歩殊ニ著ク最モ嘉賞スヘシ　審査官　矢田堀鴻　布施邦久　山田要吉　藤島常興　大森惟中　審査部長　従五位大鳥圭介　審査副長　従四位勲四等九鬼隆一　審査總長　正四位勲二等佐野常民　右ノ薦告ニ據リ進歩賞牌ヲ授與ス　明治十四年六月十日　内國勧業博覧會事務總長二品勲一等能人親王」と明記されている。このように、第二回内国勧業博覧会において臥雲辰致は有終の美を飾ったのである。

幻のガラ紡機と藍綬褒章

従来の書籍がほとんど触れて来なかった不思議な臥雲機について書くことにする。前述したように第二回内国勧業博覧会の申込期限に遅れて出品したから、出品目録には記載されていないことは勿論であった。しかし、『第二回内国勧業博覧会報告書』（四七頁）には次のように明記されている。「……圓裝ト成シ踏轉セシムルヲ以テ其補足剔去等ヲ要スルモノ回轉シテ前ニ至タルヲ待テ手ニ應シテ之ヲ完全ス故ニ一人ニシテ兼テ綿絲ノ看守ヲナスヘシ是レ其前機ニ比スレハ幾分ヲ改進スル所以ナリ……」とある。

それを推察すれば、機械は円形というが、足踏式六角形二十四錘であり、動力は足踏みによって筒・壺を高速回転させる。それと同時に機台全体を低速回転させる仕掛けである。作業者の前へ糸を紡ぐ筒・壺が順次に回転してくるので、看守するために人は移動しなくてもよいのである。この機械の説明図は『第二回内国勧業博覧会報告書』の現物には、五三頁に余白（図版が入るほどのスペース）がとられているが、何も掲載されていない。

まさに、幻の臥雲機・ガラ紡機である。多分、岡崎市郷土館所蔵の写真と同一のものが、ここに入る予定であったと私は考えている。この写真によれば、六角形で一辺に四錘が見えるから、四×六＝二十四錘の足踏式の誠にユニークなガラ紡機を考案したのである。この機械を開発した背景には、当時の普及状況は水車式（水利権や水車設置が容易でない）より手動式に人気があったと思われる。一人が手動でハンドルを回してガラ紡機を運転し、他の一人が糸を紡ぐ看守の作業を担当するから二人が必要であった。これを一人で運転しながら、糸を紡ぐ方式に改良する工夫を続けてきた。明治十三年以来、一年以上もかけて開発し、遅れて出品したのであった。その間、妻子は川澄家に託して窮迫した生活と闘いながらの発明であった。

この機械について、『第二回内国勧業博覧会報告書』には「其機ヲ圓轉セシムルカ為ニ運回頗ル慢ニシテ製額随テ多カラス是レ亦以テ機械ヲ用フルノ効ナキナリ」と審査官・大森惟中は評しているが、能率がよくなかったために、普及しなかった。その意味で、幻の臥雲機・ガラ紡機といってよいように思われる。第二回内国勧業博覧会のあと、審査総長・佐野常民や審査官・大森惟中の家に世話になり、種々の援助を受けた。数カ月東京に滞在して細番手用のガラ紡機の開発に努めた。しかし、完成には至らなかったようである。愛妻たけからは生活の窮乏を訴える手紙がきたので、明治十五年初頭に信州へ帰った。

郷里へ帰った臥雲辰致は松本北深志町の旧連綿社の工場内に居を構えた。波多村から家族を呼んでともに生活することになった。前年度に石川県ではガラ紡機を購入していたが、操作が不慣れなため、臥雲辰致へ特別な技術指導を要請してきた。そこで明治十五年には石川県や山梨県などへ出張して指導に当たった。この年、明治十五年十月三十日付で長い間の努力と発明の成果に対して藍綬褒章が臥雲辰致へ贈られた。家族とともに窮乏生活に明け暮れ、失敗

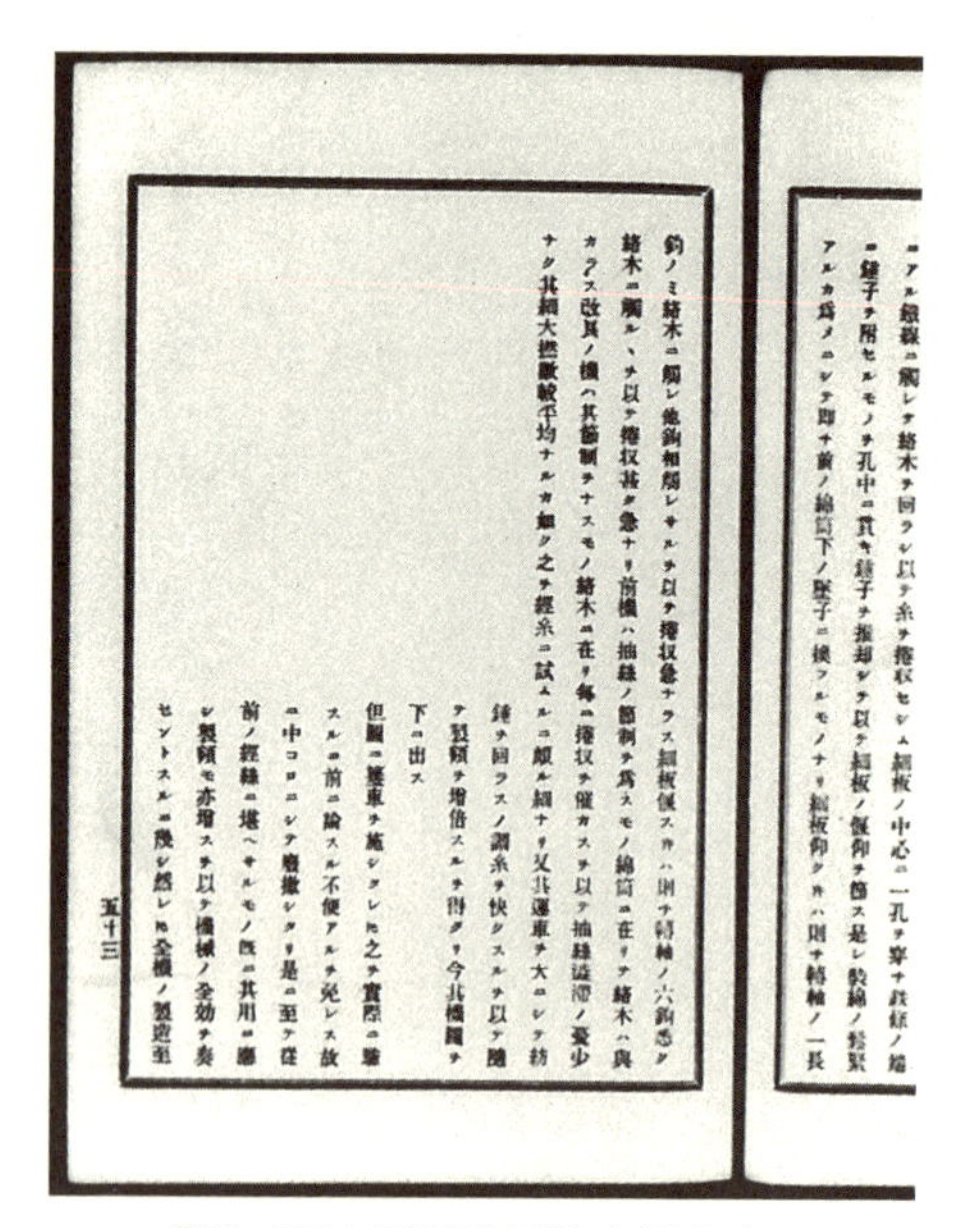

ニアル緯線ニ觸レテ緒木ヲ回ラシ以テ糸ヲ捲収セシム細板ノ中心ニ一孔ヲ穿チ鉄條ノ端
ニ錘子ヲ附セルモノヲ孔中ニ貫キ錘子ヲ振却シテ以テ細板ノ俛仰ヲ爲ス是レ較綿ノ鬆緊
アルカ爲メニシテ即チ前ノ綿筒下ノ墜子ニ換フルモノナリ細板仰クトキハ則チ錘軸ノ一長

鈎ノミ緒木ニ觸レ他鈎相觸レサルヲ以テ捲収急ナラス細板俛スルトキハ則チ錘軸ノ六鈎悉ク
緒木ニ觸ルヽヲ以テ捲収甚タ急ナリ前機ハ抽絲ノ節制ヲ爲スモノ綿筒ニ在リテ緒木ハ與
カラス改良ノ機ハ其節制ヲナスモノ緒木ニ在リ毎ニ捲収ヲ催カスヲ以テ抽絲遊滯ノ憂少
ナク其細大撚緊較平均ナルカ如ク之ヲ經糸ニ試ムルニ頗ル細ナリ又其運車ヲ大ニシテ紡
錘ヲ回ラスノ調糸ヲ快クスルヲ以テ随
テ製額ヲ増倍スルヲ得タリ今其機圖ヲ
下ニ出ス
但圖ニ運車ヲ施シタレルモ之ヲ實際ニ驗
スルニ前ニ論スル不便アルヲ免レス故
ニ中コロニシテ廢撤シタリ是ニ至テ從
前ノ經絲ニ堪ヘサルモノ既ニ其用ニ應
シ製額モ亦増スヲ以テ機械ノ全効ヲ奏
セントスルニ幾シ然レト全機ノ製造至

五十三

『第二回内国勧業博覧会報告書』
（国立公文書館所蔵）

幻のガラ紡機　足踏式六角形紡績機械写真
（岡崎市郷土館所蔵）

を克服する発明への道は険しいものであった。藍綬褒章を手にした臥雲辰致の感激と喜びは筆舌に尽くせないものであろう。

明治十五年十二月二十日に藍綬褒章を拝受した臥雲辰致は賞勲局総裁・太政大臣三条実美、副総裁・大給恒宛に「綿糸機械ヲ発明セシヲ賞セラレ藍綬褒章ノ賜ヲ拝受ス自今此光栄ヲ失ハサラン事ヲ勉ムヘシ」と受領票を提出した。この栄光を失わないように四十一歳の臥雲辰致はますます努力するのであった。明治十六年二月ごろ、臥雲辰致は愛妻たけの従兄弟に当たる百瀬軍次郎と協力して水車動力を利用した臼場（精米用）と紡糸場を経営した。また、小倉官林（現、安曇野市小倉）の損木の払い下げを受けて、上諏訪の青木岸造と共同で綿糸紡績所を計画したが、よい方向へは進展しなかった。

明治二十年前後

臥雲辰致が発明したガラ紡機は愛知県・三河地方に多くの支持者を得て普及していった。特に「水車紡・山のガラ紡」と「舟紡・平野のガラ紡」として岡崎を中心に発展した。明治十七年には三河地方の紡績業者が「額田紡績組」を組織した。水車紡績業者二百六十四名と記録されている。明治十八年五月には東京上野において「繭糸織物陶漆器共進会」五品共進会が開催された。ガラ紡糸も沢山出品されたが、この段階では西洋式紡績が発達し、ガラ紡糸より糸の強度が強い西洋式紡糸を製造できるようになってきた。その意味では一時期ガラ紡は苦境に立たされたのであった。

このころ、明治十八年の春に松本女鳥羽川に設置してあった水車場（前述した百瀬軍次郎と臥雲辰致との共同経営）が水害で破損した。臥雲辰致は大損害を受けて修理費や出資者の更新のために奔走した。なかなか再建することはできなかった。修理は四月一日付の「約定書」によれば、丸山道三郎に七円五十銭で請け負ってもらった。その後、六月八日付の「契約書」によれば、紡糸機械二台、機織機械二台（以上は臥雲辰致と百瀬軍次郎と共同経営）を運転する水車動力と余剰動力を東筑摩郡里山辺村　小松森次郎、同郡桐村　小松利喜太郎、同郡里山辺村　丸山粂市の三名と相互の折半にして水車並びに紡糸・機織機械の経営を維持するように努力した。しかし、結果的には明治十八年九月二十一日付の「仮売買約定書」によって柳澤佐平へ百円で売却することになった。この「仮売買約定書」には臥雲辰致の工場経営の最終的規模を示していると思われるので、参考史料として次に記すことにした。

「東筑摩郡松本北深志町六九開産社持家ノ内　一　水車所輪棒　小松森次郎所持北ノ方　但ドウヅキ八本　臼八個水量約定　小松森次郎ヨリ受取證渡ス　總數三拾坪一式　古ゼンマイ添ル　借家坪數繪圖面ヲ添ル本證ノ儀ハ九月二十一日相渡ス約　引渡方ノ儀ハ十月一日ノ約　此賣渡代金壹百圓也　右之通約定致シ手金五拾圓也正ニ受取残金十月一日明渡之節皆金之約定ニテ賣渡候處相違無御座候依而假約定證如件　明治十八年九月二十一日　北深志町六九開産社内　本人　臥雲辰致　保證人　波多腰六左　柳澤佐平殿」と記されている。この中に「ゼンマイ」と書かれているのは歯車のことであろう。このようにして、松本の連綿社以来の工場経営に終止符を打って、臥雲辰致は女鳥羽川の水車場の牙城を失ったのである。波多村に引退して農業に従事したり、炭焼きなどをして妻子とともに貧しい生活を送った。しかし、このころ四十五歳の臥雲辰致はガラ紡機の開発への情熱はますます旺盛であり、蚕網織機の発明にも熱心に取り組んだのであった。

明治二十年頃は愛知県・三河地方のガラ紡はピークを迎え、水車紡績業者は四百八十三名を数えるほどに発展していた。この最盛期の明治二十一年四月に「額田紡績組」は臥雲辰致を三河地方へ招請することを決議した。頭取の甲村滝三郎はガラ紡製造業者一人につき綿糸一玉を拠出させた。これを土産に持参し、信州波多村の川澄家（妻たけの実家）に世話になっていた臥雲辰致を訪ねた。生活に困窮し失意の中にあった臥雲辰致に、三河地方へ招請することを懇切丁寧に依頼した。

臥雲辰致は、自分の発明が三河地方・岡崎周辺において立派に開花していることを聞いて、その招請を快諾した。そして七月に愛知県額田郡滝村の額田紡績組事務所へ到着した。頭取・甲村滝三郎はじめ額田紡績組の関係者は心から臥雲辰致を歓迎し、同時に指導を仰いだのであった。滝村の滝山寺に滞在し、甲村滝三郎などにガラ紡機発明の苦心談を語り、将来のガラ紡の展望についても話し合ったようである。今日の環境問題・資源のリサイクル・エコロジーを臥雲辰致はあの世でどのように考えているのであろうか。

このときの招請の目的は業界の盛運に対して臥雲辰致に感謝と敬意を表するものであった。ついでに現地のガラ紡工場を視察してもらって技術指導を受け、今後の改善に役立てることであった。折から真夏の日照り続きで、川の水も少なく水車の運転中止中の工場も多く、大平村の柴田工場などを視察して懇切な技術指導を行ったといわれている。四十日間の滞在期間中にガラ紡機の改良点について、甲村滝三郎と真剣に討議し、岡崎の紡機大工を指導して一つのガラ紡機を試作したようである。これが、やがて次の項の特許出願への出発点となるように思われる。三河地方のガラ紡の業者と臥雲辰致との心を堅く強く結びつけたのはこのときであったように思われる。甲村滝三郎はじめ関係役員に再来を約束して信州波多村へ帰ったのは八月下旬であった。当時は岡崎から信州波多村まで五日間を要したといわれている。

特許出願のころ

信州波多村へ帰った臥雲辰致は以前に連綿社時代の協力者であった武居正彦を訪ねた。四十日間にわたる三河滞在中の話とともに新しいガラ紡機の発明と特許などの構想について相談した。その直後、明治二十一年の初秋に武居正彦を連れて、三河の滝村へ甲村滝三郎を訪ねたのである。明治十八年に公布された「専売特許条例」に沿って、新しいガラ紡機の考案・発明について特許申請をすることになった。明治二十一年十月十日付で東京府知事を経て農商務大臣宛に「綿糸紡績機械専売特許申請書」を提出した。それによれば、「……此ノ品一朝民間ニ普及致シ候上ハ廣ク細民ノ一業ト相成ルノミナラズ或ハ外国製ノ紡績機械ト競争スルニモ立至リ申スベク實ニ御國益ノ筋ト確信致シ候……」と記し、発明者のプライドと自信のほどが窺われる。

それに先立って、甲村滝三郎、武居正彦、臥雲辰致の三者会談では特許取得のための経費分担、特許取得後の利益配分などについては、機械一台につき何銭の天刎ねを廃止することにして、臥雲辰致五分（五〇％）、協力社（三河地方のガラ紡業者で構成する）三分（三〇％）、武居正彦二分（二〇％）などと書かれた史料も現存している。

その原文には「甲村瀧三郎曰く　利益其他ノ部分ノ歩合ハ左ノ如シ尤モ機械壹臺付何銭ノ天刎ネヲ廃止シテノ事　臥雲五分　協力社三分　武居二分　右専賣云々等費用ノ負擔ハ八分協力社持残リ貳分ハ武居ノ持　専賣願書ハ臥雲甲村弐名ノ事　機械賣買ハ左之如シ　協力社中百六十名ハ原價　額田組合員ハ貳割五分増　他郡及他團員ハ五割増シ右施行スルト雖モ原價器械製造中ハ臥雲氏及武居在留中ハ有志ノ負擔ノ事」と書かれている。

これによれば、専売願書の費用は臥雲辰致と甲村滝三郎の二人が負担する。機械一台の価格は協力社の百六十名は原価とし、額田組合員には二割五分増（一・二五倍）、他郡および他団員には五割増（一・五倍）する。なお臥雲辰致と武居正彦との滞在中の費用は有志が負担することになっている。このような相談の結果、特許申請者の名義人は臥雲辰致、武居正彦、甲村滝三郎の三人になったものと思われる。

「特別審査願」の書類によれば、「……明治二十一年十一月一日　東京府本郷區湯島梅園町壹番地服部庄九郎方同居

寄留　長野県平民　臥雲辰致　同府同區同町同番地同人方居寄留　同県平民　武居正彦　同府同區同町同番地同人方居寄留　愛知県平民　甲村滝三郎　東京府知事　高崎五六殿」と書かれている。翌年の明治二十二年五月には願書中の願人の順序変更願が提出されている。これは臥雲辰致が資金的に世話になっている甲村滝三郎に対する義理立てのようにも私には思われる。

その「願書」によれば、「明治二十一年十月十日附ヲ以而御省へ出願セシ綿糸紡績機械特許願ノ願書中願人記名順序ノ義甲村滝三郎ト臥雲辰致ト記名ノ位置ヲ変更致シ度候間此段御許容被成下度願上候也　明治二十二年五月　東京府本郷区湯島梅園町一番地　服部庄九郎方寄留　愛知県平民　甲村滝三郎　同府同區同町同番同人方寄留　長野県平民　武居正彦　同府日本橋區西河岸町十三番地　四海一達方寄留　長野県平民　臥雲辰致　農商務大臣伯爵　井上馨殿」と記されている。臥雲辰致の寄留先、日本橋の四海一達は臥雲辰致の少年時代に加賀の松下某から手習いを教わったときに、一緒に学んだ間柄といわれている。

特許の審査結果を東京で待っていても、なかなか順調に進まないので、臥雲辰致は愛知県岡崎の機械大工・加藤文次郎のところに暫く滞在した。かつてガラ紡機の改良試作に協力した関係であろう。「特許出願中旅行届継届」によれば、「臥雲辰致外弐名ヨリ綿絲紡績器械特許出願中ノ處臥雲辰致義他ノ二名ノ代理相受ケ居候モ止ヲ得ズ事故ニ付過ル五月二十五日ヨリ貳周間旅行相届当三河國へ旅行仕候處該用務未タ難相済ニ付帰京スル事不能候間尚ホ今七日ヨリ拾日間継旅行御聞届被成下度尤モ尚拾日間不在ニ付此段及御届候也　愛知縣三河国額田郡岡崎材木町加藤文次郎方ニテ　日本橋区西河岸町十三番地　臥雲辰致　明治二十二年六月七日　農商務省特許局長　高橋是清殿」という控えの原稿が保存されている。このように、五月下旬から六月十七日頃まで愛知県岡崎の加藤文次郎の家に滞在して世話になったのであろう。

特別審査願

明治廿一年十月廿日附ヲ以テ御庁ヲ経由シ専売特許ノ
義ヲ其筋ヘ出願致シ候綿糸紡績機械ノ義ハ綿糸紡績上頗
フル有益ノ品ニ有之一朝此品ノ同ニ普及致シ候上ハ広ク
細民ノ一業ト相成ルノミナラス或ハ外国製ノ紡績機械ト
競争スルニモ立至リ中スヘク實ニ御国益ノ筋ト確信致シ
候抑モ和製綿糸紡績機械ノ義ハ私共ノ発明ニ有之去ル明
治十年御開設ノ第一回内国勧業博覧会ヘ出品シ鳳紋賞牌
ヲ拝受（外出品数一名ノ戸数ヲ拝受セラル以下同シ）シ同
十四年第二回内国勧業博覧会ヘ出品シ進歩二等賞牌ヲ拝受
シ同年十(?)発売條例ニ據テ第九号ヲ以テ蔓延(?)褒賞ヲ拝受セ
リ右ノ履歴ト世ノ必用トニ依テ現今ニ於テハ其使用殆ニ
ト全国ニ普ク就中其最モ行ハルヽ地方ハ愛知県三河国ト
ス該別ハ近年其特有物産ナル主綿ノ至部ヲ紡績ミ猶ホ元
料ニ不足ヲ告クルヨリ毎歳弐参拾万円ノ生綿ヲ他国ニ仰
ク、盛況ニ御座候然ル處今般改良機械ノ発明アリシ説鼓
別ニ傳播シ爲メニ改良機械ノ購求又ハ従来ノ機械ヲ改良
機械ニ改造等ノ義ヲ申シ込ムモノ續々有之従来ノ機械ハ
指テ顧ミルモノナキカ如ミ故ニ従来ノ機械ハ頓ニ其数拾
ヲ失シ随テ該事業ハ職工ハ絶ク手ヲ拱シ居リ候状況ニ
御座候故ニ此侭曠日ヲ経過スル時ハ壹ニ綿糸ノ製額ニ影
響ヲ来スノミナラス或ハ活路ノ一途ヲ欠キ之カ爲メ窮困
ニ陥ルモノナカランカト深ク憂慮致シ候得共改良機械
ノ義ハ目下専売特許願中ニシテ需用者ノ求メニ応シ難ク
候依テ一日モ早ク特許ヲ仰キ自他ノ便益ヲ相営ミ度就テ
ハ重々恐入リ候次第ニ御座候得共出願ノ順序ニ拘ハラス

特別審査願（明治21年11月１日）

特別ノ御詮議ヲ以テ迅速御審査相成候様其筋ヘ御申立テ
成シ下サレ度此段奉願上候也

東京府本郷区湯島梅園町壱番地
服部彦九郎方ニ寄留
長野県平民
明治二十一年十一月一日　臥雲辰致
同府同区同町同番地同人方ニ寄留
同県平民
武居正彦
同府同区同町同番地同人方ニ寄留
愛知県平民
甲村滝三郎

「特許証」第七五二号をめぐって

その後、東京に戻ったと思われるが、八月一日付の「明細書訂正通知書」「審四第二六二〇號」が到着した。ちなみに榊原金之助著『ガラ紡績業の始祖　臥雲辰致翁傳記』（昭和二十四年四月発行）の中には「審四第三三八七號」と書いているが、これは明治二十三年九月十五日付の番号であり、間違って記載されている。したがって、これを下敷きにして書いた村瀬正章著『臥雲辰致』（昭和四十年二月発行、吉川弘文館・人物叢書）も同じように三三八七号と同書の一四六頁で書いているが、特許をめぐる史料の検討が不十分であり、記述内容が混乱しているように思われる。また地元で発刊された宮下一男著『臥雲辰致』（平成五年六月発行、郷土出版社）も第三三八七号と同書の一五四頁に記し、同様の間違いを繰り返している。

それに関連のある史料をここに図版で示すことにする。第二六二〇号は「……明治二十二年八月壹日　特許局長高橋是清　臥雲辰致殿」となっている。第三三八七号は「……明治二十三年九月十五日　特許局長奥田義人　臥雲辰致殿」である。今後このような史料と矛盾した記述や間違いが繰り返されないことを願っている。

さて、明治二十二年八月一日付の「明細書訂正通知書」を受けた臥雲辰致は直ちに「明細書」を提出したものと私は考えている。これによって、明治二十二年九月十三日付の「特許證」第七五二号が交付されたのであった。ここに、その特許証の一部を史料として紹介することにした。このことに関連して、岡崎市郷土館所蔵史料について、「明細書」という題名の原稿と思われる史料が保存されている。その史料の二カ所に「明治二十三年十二月十五日訂正差出候也」と別の筆跡で書かれている。この点に疑問を感じたので精査してみた。その結果、「明細書」の内容は明治二十二年九月十三日付の特許証の内容に改良部分を加筆したものと思っている。このことを指摘しておきたい。その改良紡機は「特許証」第七五二号とそれほど違っていなかったから、新たに特許を取得することはできなかったと考えている。

前述の「審四第三三八七號・明細書訂正通知書」の回答は六十日以内に提出できなかったので、明治二十三年十一月八日付で「延期申請書」を提出した。その中には「……九月十五日付ヲ以テ御通知ニ相成候ニ就テハ早速差出可申之處病気ノ爲メ調整出来兼候間来ル十二月二十日迄御延期被成下度……」と記されている。それが「明治二十三年十二月十五日訂正差出候也」へと繋がる経緯を窺うことができる。

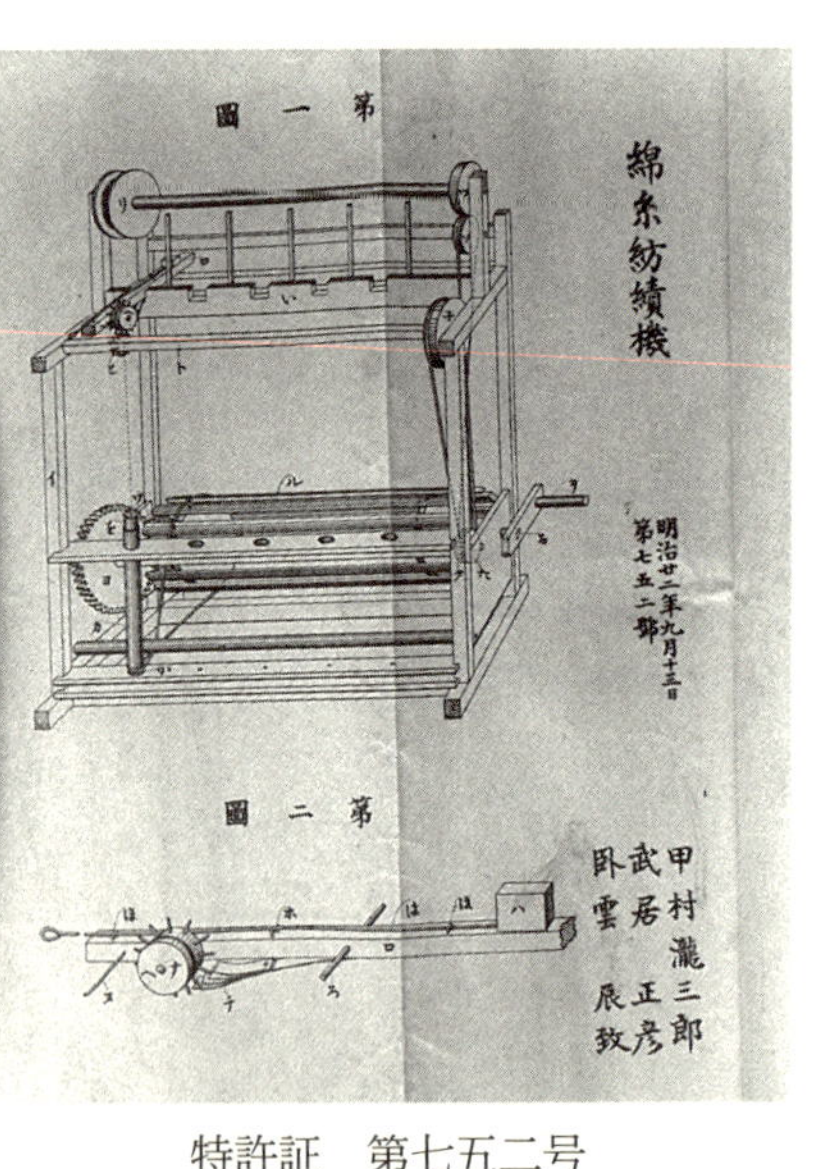

特許証　第七五二号

榊原金之助著『ガラ紡績業の始祖　臥雲辰致翁傳記』では三八頁に「明細書」の全文と図面とを掲載しているが、そこには「明治二十三年十二月十五日付訂正差出特許出願ノタメノ明細書」と書かれている。前述したように、「明細書訂正通知書」「審四第二六二〇號」と「審四第三三八七號」などの史料による混乱のためか、先学の榊原金之助が「特許證」第七五二号について触れていないことを、私は不思議に思ったのである。

ここに、そのガラ紡機の構造図・略図（『技術と文明』第四冊三巻一号所載の玉川寛治の論文「がら紡精紡機の技術的評価」から）を玉川寛治の諒解のもとに引用しておきたい。従来のガラ紡機のメカニズムに改良を加えて、上部の糸を巻き取る部分・糸巻が糸を確実に巻き取るように工夫考案されている。また天秤機構（従来は下部にあった）を上部へ移し、巻取り歯車と連動させ、ON・OFFの自動制御をするようにした。

明細書訂正通知書

主務審査部　第四部

願書順號　第一三二四號

願書名稱　紡績機

右願書附屬明細書ニ不完全ノ廉有之旨別紙廉書之通審査官ヨリ申出テタルニ依リ此通知書ノ日附ヨリ六十日以内ニ訂正書ヲ差出スヘシ此旨通知候也

明治廿二年八月壹日　特許局長　高橋是清

臥雲辰致殿

審四第二六二〇號、明治廿二年八月壱日
特許局長・高橋是清から臥雲辰致殿

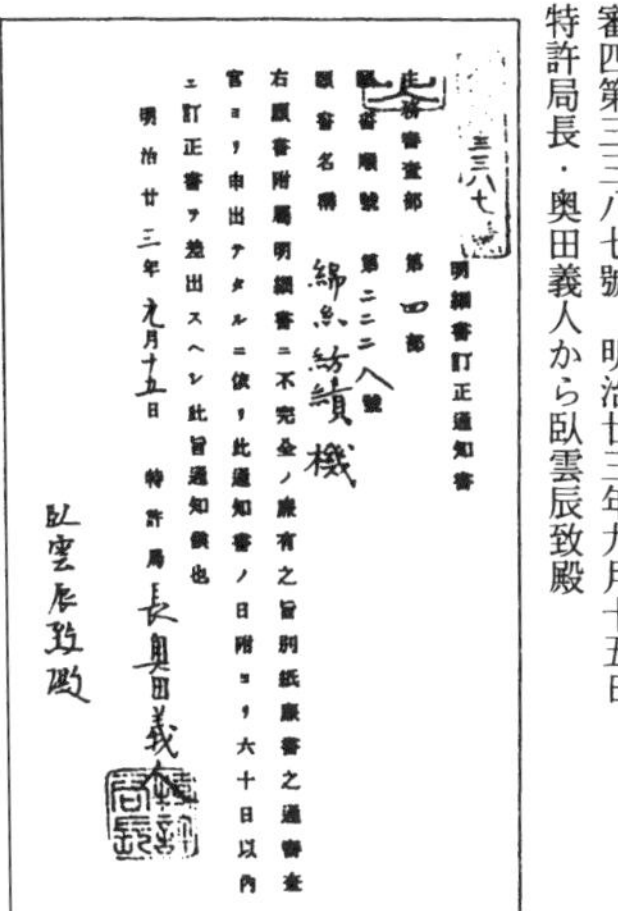

明細書訂正通知書

主務審査部　第四部

願書順號　第二二二八號

願書名稱　綿糸紡績機

右願書附屬明細書ニ不完全ノ廉有之旨別紙廉書之通審査官ヨリ申出テタルニ依リ此通知書ノ日附ヨリ六十日以内ニ訂正書ヲ差出スヘシ此旨通知候也

明治廿三年九月十五日　特許局長　奥田義人

臥雲辰致殿

審四第三三八七號、明治廿三年九月十五日
特許局長・奥田義人から臥雲辰致殿

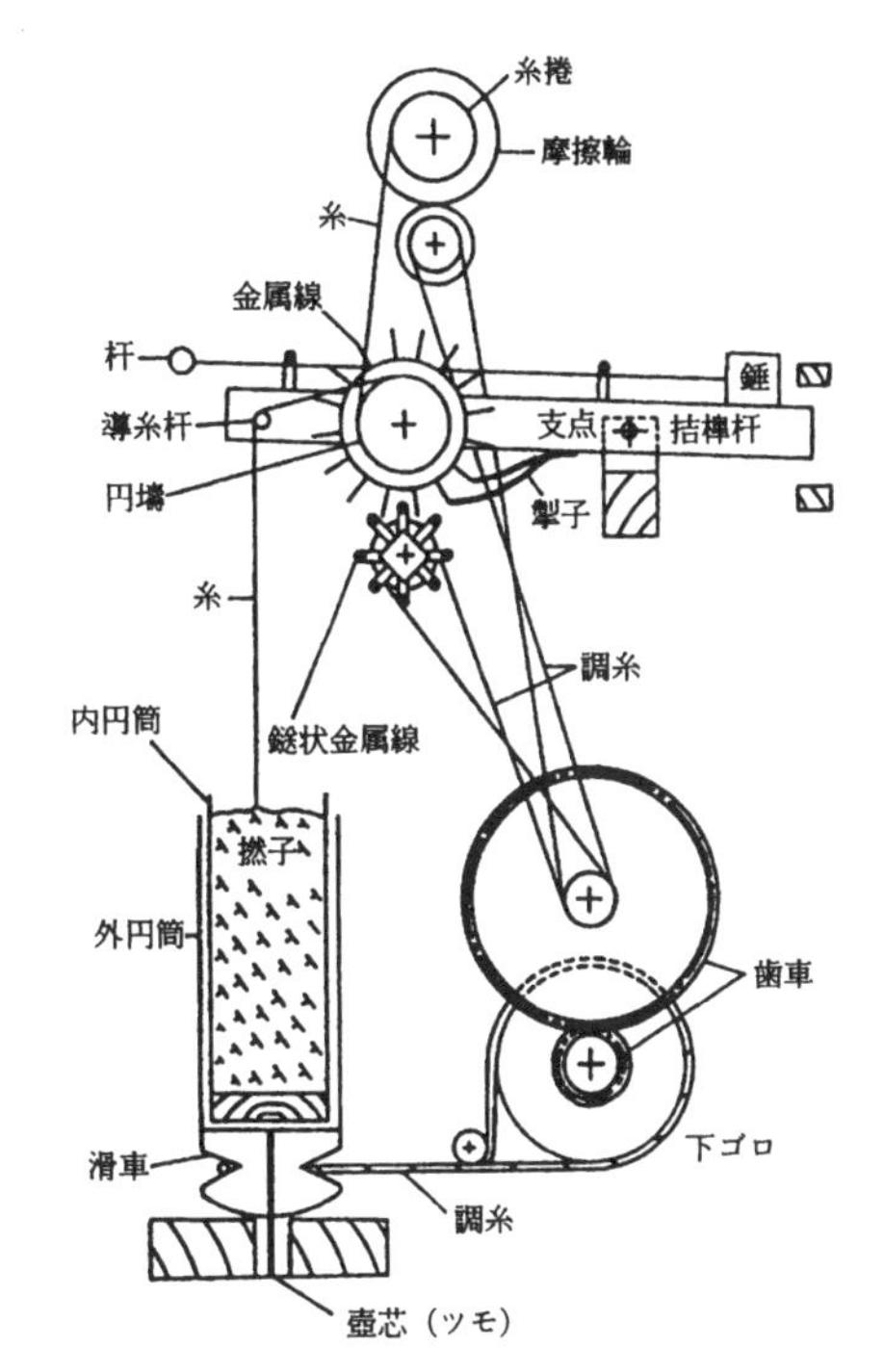

特許七五二号の手回しガラ紡機のドラフト装置
（「特許明細書」にもとづいて編図）

第一回内国勧業博覧会出品以来、十二年の歳月にわたる努力の成果として特許を取得することができた。しかし、機構が複雑なために能率が悪く、実用的ではなかったように思われる。最初のガラ紡機の発明が優れたものであっただけに、それを超えるガラ紡機の開発と特許制度・所有権の恩恵に浴することはなかった。ここに発明家・臥雲辰致の発明の時期と日本の特許制度の制定の時期とに約十年の位相のずれがあった。これが臥雲辰致が経済的に恵まれなかった悲劇の背景にあるように思われる。

第三回内国勧業博覧会の出品

明治二十三年（一八九〇）、臥雲辰致四十九歳のころ、第三回内国勧業博覧会が東京上野で開催された。この博覧会に臥雲辰致が出品したものの記録・保存文書が長野県教育委員会・文書学事課の管轄で保存されていた。私が調査したのは三十年ほど前のことであるから、現在は長野県立歴史館に移管されているのであろう。その史料『第三回内国勧業博覧會出品解説書』によって詳細に書くことにする。「第五部第一類」に「平面測量機械」を出品している。出品人名には「長野県信濃国東筑摩郡波多村四百四拾七番地　臥雲辰致」と書かれ、製造場所は自宅とある。「運転　人力ヲ以テ使用ス」、「効用　平地ヲ測図スルニ供スル器ニシテ一個ノ軽便測量器ナリ」、「明治二十二年中二個ヲ製造スルトモ販売セス」、「開業沿革　明治二十一年自己ノ発明ヲ以テ始テ製造ス」などと自ら記録に残している。したがって、明治二十一年に考案したものであろう。それに改善を加えて明治二十二年には二台を製造していたことが窺われる。

また「第七部第三類」として出品した「綿糸紡績機械」の出品解説には「運転　水力若シクハ蒸気力ヲ以テ運転スルヲ法トスレトモ亦人力ヲ以テ運転スルヲ得」、「効用　打綿ヲ以テ綿糸ヲ紡績スルモノニシテ一時間ニ百目ノ綿糸ヲ績出ス」、「製造及販賣高　明治二十一年中製造高三拾三個販賣高三拾三個此代價金八百二十五円」、「産出種類　大小数種トス」、「開業沿革　明治十年自己ノ発明ヲ以テ製造ス」と臥雲辰致は記している。それに続いて出品解説には「機杼機械」について、「効用　普通ノ綿糸又ハ絹糸ヲ以テ織物ヲナスニ供スルモノニシテ一時間ニ六尺ヲ織成ス」、「製造及販賣高　明治二十二年中二個ヲ製造スレトモ未夕販賣セス」、「開業沿革　明治二十二年自己ノ発明ヲ以始テ製造ス」と書かれている。

さらに「蚕網織機械」については、「構造並素質　僅カニ金属ヲ用ユト雖トモ概シテ木製ナリ量目七貫目」、「運転　人力ニ依テ運転ス」、「効用　綿糸若麻糸ヲ以テ蚕網ヲ織ルノ用ニ供シ一時間二丈ノ網ヲ織成ス」、「製造及販賣高　明治二十二年二個ヲ製造スレトモ未夕販賣セス」、「産出種類　壹種ナリ」、「開業沿革　明治二十二年自己ノ発明ヲ以テ製造ス」と臥雲辰致が長野県へ提出した書類には記載されている。

このことに関連して、国立公文書館所蔵の内閣文庫『第三回内国勧業博覧會出品目録　七』には長野県第五部第一類に「測量機械」、第七部第三類に「綿絲紡績器械（一）長野県東筑摩郡波多村臥雲辰致　▲機杼器械（二）▲蠶網織器械（三）」とある。また『第三回内国勧業博覧会褒賞授與人名録』には「第七部褒状　三等有功賞　蠶網織機械　長野県東筑摩郡　臥雲辰致」と記録されている。臥雲辰致が出品したものは前述の四点であったが、そのうち蠶網織機械に対して三等有功賞が贈られた。

その詳細を国立公文書館所蔵史料で調査してみた。その結果『第三回内国勧業博覧会褒賞薦告文　下』（第七部褒状）に「蠶網織機械　長野県臥雲辰致　製造佳ニシテ蠶家ヲ益スルコト少ナカラズ頗ル嘉ス可シ　部長　正六位工学博士　古市公威　審査官　正八位　眞野文二　正七位　三好晉六郎　正七位　阪田貞一」と記されていた。また『明治二十三年　第三回内国勧業博覧會審査報告』（第七部機械）には一七頁に「長野県臥雲辰致蠶網機械ハ製作佳良ニシテ蠶家ニ便益ヲ與フヘキモノトス然レトモ機械ニ添付シタル網ノ材ハ木綿ニシテ實用上或ハ不可ナラン此材料ヲ麻梟ニ代ヘハ實際ニ便ナルヘシ」と評価され「三等有功賞」と「褒状」とが授与されたのであった。

豊田佐吉の発明に影響

蚕網織機を明治二十三年（一八九〇）、第三回内国勧業博覧会に出品したとき、会場に何日も来て、その織機を熱心に観察していた一人の青年がいた。若き日の豊田佐吉であった。臥雲辰致の蚕網織機が豊田佐吉に大きな影響を与え、豊田佐吉の自動織機の発明に繋がった。のちに自動織機発明の特許料十万ポンドがイギリスから届いた。この特許料がそっくり自動車の研究開発費に当てられたといわれる。今日のトヨタ自動車の出発点に臥雲辰致の蚕網織機の発明が関連をもっている。

臥雲辰致のガラ紡機の発明は日本の特許制度ができる以前のことであった。その後、特許制度がつくられたが、臥雲辰致は生涯を通じて特許料の恩恵に浴することは少なかった。その臥雲辰致に比較すれば豊田佐吉は幸運であった。いずれにしても、トヨタ自動車の産業技術記念館（所在地・名古屋市西区則武士新町四―一―三五）にはガラ紡機が展示されている。その現実は何を象徴しているのであろうか。

ここに発明家の番付『當世百番附』（大正七年・一九一八年五月）がある。それによれば、臥雲辰致は東の前頭筆頭であり、西の前頭筆頭は高峰譲吉（ビタミン・オリザニン）が対応している。豊田佐吉は前頭十七枚目、真珠養殖の御木本幸吉は前頭二十枚目に位置しているのも面白いが、この段階では臥雲辰致は豊田佐吉よりはるかに上位を占めていた。一世紀以上を経た今日でも愛知県豊田市、岡崎市、豊橋市などでは、臥雲辰致が発明したガラ紡機が細々と糸を紡ぎ稼働している。そのことは何を意味しているのであろうか。人間にとって本当の技術文化（文明ではない）とは何かを考えさせられる。

晩年に向けて

第三回内国勧業博覧会の終了後、明治二十三年以降、晩年の十年間は松本郊外の波多村（現、長野県東筑摩郡波田町）に居住した。波多村は愛妻たけの実家（川澄家）のある村であった。前述した第三回内国勧業博覧会に出品した綿糸紡績機械、平面測量機械、蚕網織機械などの改良にその後も努めた。また臥雲穀安（臥雲辰致の孫）によって現在保存されている写真のような七桁計数器（計算機と書いたものが多いが、構造的にみて、何かに取り付けて使用する補助的な計数器・カウンターであろう）を考案した。何かの回転数を読み取らせて長さを計測することを工夫したものであろう。この使用法は不明であるが計算機ではないと私は考えている。

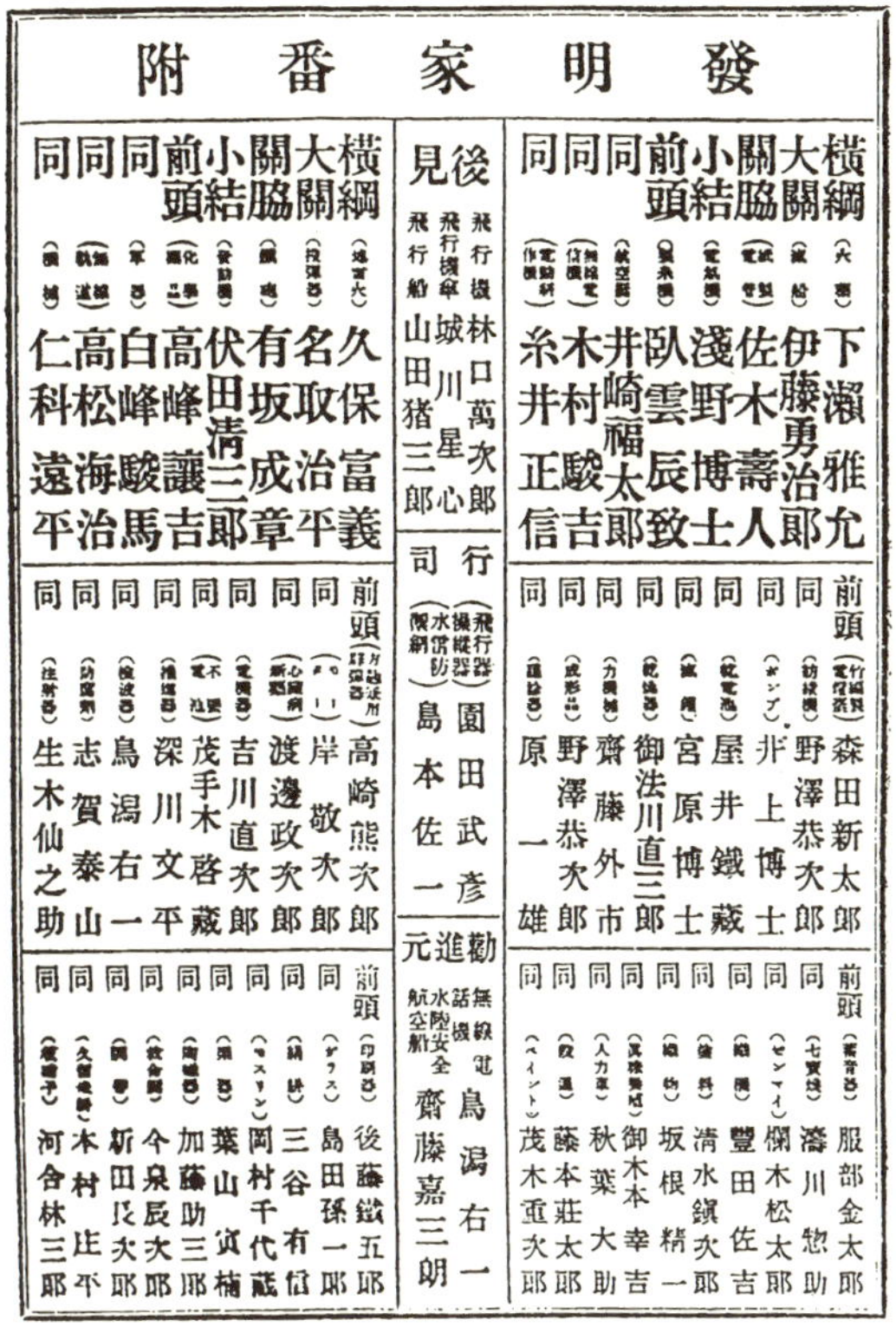

發明家番附

番付	発明	氏名
横綱	（火薬）	下瀬雅允
大關	[illegible]	伊藤勇治郎
關脇	[illegible]	佐木壽人
小結	[illegible]	淺野博士
前頭	[illegible]	臥雲辰致
同	（航空機）	井崎福太郎
同	（無線電信機）	木村駿吉
同	[illegible]	糸井正信
横綱	[illegible]	久保富義
大關	（投弾器）	名取治平
關脇	[illegible]	有坂成章
小結	[illegible]	伏田清三郎
前頭	[illegible]	高峰讓吉
同	（軍器）	白峰駿馬
同	[illegible]	高松海治
同	[illegible]	仁科遠平
後見	飛行機	林口萬次郎
後見	飛行機傘	城川星心
後見	飛行船	山田猪三郎
行司	（飛行器操縦器）	園田武彦
行司	（水雷防禦網）	島本佐一
前頭	[illegible]	森田新太郎
同	（紡績機）	野澤恭次郎
同	（ポンプ）	井上博士
同	（乾電池）	屋井鐵藏
同	[illegible]	宮原博士
同	（乾燥器）	御法川直三郎
同	（力織機）	齋藤外市
同	（成形品）	野澤恭次郎
同	[illegible]	原一雄
前頭	[illegible]	高崎熊次郎
同	[illegible]	岸敬次郎
同	[illegible]	渡邊政次郎
同	（電機器）	吉川直次郎
同	[illegible]	茂手木啓藏
同	[illegible]	深川文平
同	（検波器）	鳥潟右一
同	[illegible]	志賀泰山
同	（注射器）	生木仙之助
勧進元	無線電話機	鳥潟右一
勧進元	水陸安全航空船	齋藤嘉三朗
前頭	（蓄音器）	服部金太郎
同	（七寶焼）	濤川惣助
同	（センマイ）	櫻木松太郎
同	（織機）	豊田佐吉
同	（塗料）	清水鐵次郎
同	（織物）	坂根精一
同	（真珠養殖）	御木本幸吉
同	（人力車）	秋葉大助
同	[illegible]	藤本莊太郎
同	（ペイント）	茂木重次郎
前頭	（印刷器）	後藤鐵五郎
同	（ガラス）	島田孫一郎
同	[illegible]	三谷有信
同	[illegible]	葉山賞楠
同	（モスリン）	岡村千代藏
同	（陶磁器）	加藤助三郎
同	[illegible]	今泉辰次郎
同	[illegible]	新田長次郎
同	[illegible]	木村庄平
同	[illegible]	河合林三郎

『當世百番附』（大正７年・1918年発行）から

晩年の発明の中では、前述した「三等有功賞」を受賞した蚕網織機は好評であり、注文も多く、これを製造販売して多少の利益を得ることができた。

晩年にかけては発明家・臥雲辰致の家族も貧困から少しは解放されたようで

七桁計数器の外観と内部構造
（軸の一回転によって隣の歯が一枚進む仕掛けの十進法になっている）

ある。川澄東左の長女・たけとは明治十一年（一八七八）に結婚した。その年の暮れに長男・俊造（のちに川澄家を継ぐ）が生まれ、明治十四年（一八八一）には二男・家佐雄（のちに須山家を継ぐ）、明治十七年（一八八四）には三男・万亀三（のちに樋口家を継ぐ）、明治二十年（一八八七）には四男・紫朗（のちに臥雲家を継ぐ）が生まれた。結婚してから苦労の連続であった妻たけは、経済的に恵まれず貧しかった発明家・臥雲辰致の家庭を守り、内助の功を尽くしたのであった。

臥雲辰致の晩年の生活に恵みを与えた蚕網織機について、今まで書かれたものが少ないので触れておきたい。信州では生糸業・製糸業に関連して養蚕が盛んであった。そのために松本周辺では蚕網を考案して製造し、全国的に販売を拡大するようになった。松本地方が日本を代表する蚕網の生産地であったことは余り知られていない。このことに関連して、最近、松本市で内科医院を経営する医師・細萱昌利から頂戴した細萱邦男著『蚕網ものがたり』（平成四年四月発行）が手元にある。それによれば蚕網（さんもう）とは「蚕児飼育用糸網」と記されている。

蚕の飼育のために使用される網をいい、小さい蚕の幼虫が成長する段階に応じて、網目の間隔を一分（三ミリメートル）、二分、三分、四分、五分と次第に大きい網の蚕網を使用することが工夫されてきた。美しい絹糸をつくる蚕も動物であるから、飼育するとき排泄した糞の処理を工夫しないと、これが原因となって蚕に病気が発生する。明治維新以来の日本の近代化の中で、輸出花形産業の製糸業を推進してきた蚕の細い糸・生糸を製造するためには、養蚕の方法を改善することが何よりも必要であった。そのために考案されたものが蚕網であった。

蚕を飼育していくときに別の清潔な籠へ移すためには、まず適当な大きさの網目の蚕網を蚕の上にかぶせる。その蚕網の上に新鮮な桑の葉をおくと、蚕は蚕網の網目をくぐり抜けて桑の葉を食べるために上へ移動する。その後で、蚕網の両端をもって蚕を清潔な籠へ移すのである。このようにして蚕によい環境をつくってやるのである。これは一匹ずつ移すよりも遥かに能率的であり、蚕を傷めることもなく、養蚕の方法に大きな改善をもたらした。この蚕網は健康な蚕を育てて良質の繭をつくることに大変役立った。これは波多村の人によって考案され、松本の細萱茂七・茂一郎の親子が蚕網製造販売の企業化に成功したといわれる。

蚕網を織るために当初は木綿機織機（もめんばた）を使用していたが、臥雲辰致はこれに改良を加えて蚕網織機を開発したのである。前述した明治二十三年の第三回内国勧業博覧会に出品したものがそれであった。臥雲辰致が長野県に提出した書類は保存されている。その綴じ込み『第三回内国勧業博覧會出品解説書』の中には「製造及販賣高　明治二十二年二個ヲ製造スレトモ未タ販賣セス」、「開業沿革　明治二十二年自己ノ発明ヲ以テ製造ス」と記録されている。したがって蚕網織機は明治二十二年に開発したのであった。その蚕網織機は「綟り編み・もじりあみ」ができる「綟織機」であり、蚕網の生産能率を飛躍的に上げることができた。当時としては最先端をいく技術開発であろう。

第三回内国勧業博覧会において「三等有功賞」を受賞した型式の蚕網織機を松本の細萱茂一郎が大量に購入してく

れた。細萱茂一郎は蚕網の製造販売をしていたが、工場経営の方式ではなく、問屋制手工業的経営形態をとっていた。臥雲辰致から購入した蚕網織機を農家に一台ずつ無償で貸与した。それぞれの農家が家内工業的に蚕網を織って製品に仕上げた。その労働力に対して賃金を支払う方式の経営であった。これによって波多村をはじめ松本周辺の多くの農家は副業として蚕網の製造をするようになった。

この蚕網時代は昭和初期まで続いたのであった。それは蚕を入れた平らな籠を棚に何段も差し込んだ「棚飼い」方式の時代であった。その後に「条桑育」といわれる方式になり、桑の葉が枝に付いたまま何本か重ねて与えれば、蚕は新しい葉を食べるために上がってくるので蚕網を使わない時代へと変化したのであった。それは昭和四年の世界恐慌のころであったから、臥雲辰致の蚕網織機は、臥雲辰致が明治三十三年（一九〇〇）、この世を去ってから三十年間も続いたことになる。それは協力者の百瀬軍次郎（川澄たけの従兄弟）がその事業を継承していたのである。

ちなみに、蚕網織機に関係した特許は明治三十一年七月十一日付の特許第三一五五号（緱織機）が臥雲辰致に許可されている。このことに関連して、村瀬正章著『臥雲辰致』（吉川弘文館発行・人物叢書）には一七〇頁に「辰致がさきに発明した蚕網織機は、明治三十一年十一月、宮下祐蔵・川澄俊造（辰致の長子）・徳本伊七の名で特許が与えられた。」と書いているが、何かの間違いであろう。その間違いを、そのまま引用した書籍があることを指摘しておきたい。

晩年の数年間、臥雲辰致は蚕網織機の開発によって経済的には余裕を得ることができた。しかし明治三十二年（一八九九）、五十八歳のとき胃に変調をきたし、病床に臥すようになった。医者や家族の看護もむなしく一年後の明治三十三年六月二十九日に、波乱に満ちた発明家の生涯を閉じた。臥雲辰致の墓は波多村（現、長野県東筑摩郡波田町）の川澄家の墓地に並んでいる。墓碑の正面に「眞解脱釋臥雲工敏清居士」、左側面に「明治三十三年六月二十九

日　行年五十九歳　臥雲辰致」と刻まれている。また右隣には内助の功を尽くした愛妻川澄たけの墓碑「眞解脱釋臥雲工敏清大姉」「川澄たけ」が並んでいる。

ここまで、十九世紀における優れた発明家・臥雲辰致の苦難に満ちた人生を、私が新たに発掘した第一級史料を使って書いてきた。史料調査をかねて毎年のように新緑の安曇野を訪ねてきた。臥雲辰致の生まれ故郷・堀金村から晩年の地・波田町へと歩いたこともあった。そのとき偶然にも、北アルプス常念岳の上に雲が臥していた。ガラ紡の技術は風雪に耐えて高く聳える常念岳のように思えた。そこで「振り返る高嶺は雪の臥雲かな」という一句が頭に浮かんだ。臥雲辰致の技術は二十一世紀のエコロジー時代へ向けて必ず役立つに違いないと思った。

「がうんときむね」でなければ

さて、問題の名前であるが「辰致」は「トキムネ・ときむね」が正しいと考えている。タッチという俗称に変化したのは約五十年前の昭和四十年代以降のことである。それ以前のものにはトキムネと書かれた書籍や文献が私の手元には多くある。臥雲辰致自身のためには正しい呼び名にする必要があると思っている。

明治十年第一回内国勧業博覧会の英文の出品目録、正確には「OFFICIAL CATALOGUE OF THE NATIONAL EXHIBITION OF JAPAN」、「TOKYO PUBLISHED BY THE EXHIBITION BUREAU」、「PRINTED BY THE KOBUN―KUWAN 1877」すなわち「明治十年　内国勧業博覧會　出品目録」の「Department IV」の五頁の中段「NAGANO―KEN」の項に十一人の名前が列記されている。その六番目に「6. GAUN TOKIMUNE. do. Cotton spinning machine. (1).」と記されている。このように臥雲辰致が綿糸紡績機械一台を出品している。

このことから間違いなく、明治十年（一八七七）において、世界的にユニークな優れた紡績機械の発明者は「がうんときむね」であった。英文で公表した名前が国際的に通用するのであり、長野県の堀金村や波田町だけの問題ではなく、インターナショナルな史実であることを無視することはできない。これは佐久間象山を「しょうざん」というか「ぞうざん」と呼ぶかの議論とは別な次元に属する問題である。象山とは違って辰致の発明はインターナショナル・国際的な技術史の問題に関連して重要になってきている。それだけに名前は正しく使うことがよいと考えている。

そこで、名前の呼び方がどのように変化してきたかを手元の資料・史料によって多少詳しく考察しておきたい。すでに書いてきた明治十年（一八七七）の英文の出品目録（OFFICIAL CATALOGUE OF THE NATIONAL EXHIBITION OF JAPAN 1877）には「GAUN TOKIMUNE」とあるのが最も重要な国際的文献であろう。また明治十八年（一八八五）の「繭糸織物陶漆器共進会」の際に発刊された『共進會大意』には一九頁に「明治十年信濃の人臥雲辰致というもの……」と記され、「ぐわうんときむね」とルビされている。この時代の公式文書と思われるものは「ときむね」である。

その後に、まとまった伝記として昭和二十四年（一九四九）に発行された元東海新聞社長の榊原金之助著『ガラ紡績業の始祖　臥雲辰致翁傳記』がある。その中には本文の三頁に「トキムネ」とルビが書かれている。さらに愛知県岡崎市役所の名誉市民の台帳にも「トキムネ」とルビが記されている。このように約五十年前までのものは、ほとんどが「トキムネ」と記録していたのである。

なぜ間違ったか

極めて例外的なものに、明治九年五月十五日（金）の『信飛新聞』の報道記事の中には、「……此器械ノ発明人ハ縣下九大區ノ臥雲辰致サンデ……」と「フスモタッチ」とルビしている。なぜ当時の信飛新聞の記者がこのような誤報をしたのか、その理由を聞く術をもたない。

長野県の関係書籍は人物紹介的なものであるが、『信濃の人』（大正三年十月発行、求光閣書店）、『信濃人物誌』（大正十一年十二月発行、文正社）、『南安曇郡誌』（大正十二年十月発行）、『あすを築いた人々』（昭和三十四年二月発行、信濃教育会出版部）、『信濃人物誌』（昭和三十七年一月発行、信濃人物誌刊行会）などをあげることができる。これらは、いずれも人名辞典・人物紹介的な簡単なものに過ぎないが、『信濃の人』には「しんち」と書かれ、『あすを築いた人々』や『信濃人物誌』はともに「がうんときむね」とルビをしている。また日本放送協会編『光を掲げた人々』も「ときむね」であった。いずれも前述したように五十年前までのものであり、「たっち」ではなく「ときむね」と書かれたものが多いのである。

それが、昭和四十年二月二十日発行の吉川弘文館「人物叢書」125・村瀬正章著『臥雲辰致』では本の扉の題名に「がうんたっち」とルビしている。そして本文では一七頁の上部に見出しをつけて『「たっち」が正しい』とあり、本文には二頁にわたって次のように書かれている。念のためにその全文をここに引用しておきたい。

「辰致の名の読み方には、これまでいろいろあった。平凡社刊『大人名辞典』（昭和二八年）は「たっち」と読み、村沢武夫編『信濃人物誌』は「ときむね」、信濃史談会編『信濃の人』は「しんち」、『日本歴史大辞典』（河出書房新社刊）は「たつむね」、また浜島書店刊の『資料歴史年表』では「たつとも」と読むなど、はなはだまちまちである。しかし最近まで現存していた辰致の末子臥雲紫朗氏はじめ辰致の子孫の者、および安楽寺の檀徒総代であり岩原村の庄屋であった山口吉人氏の長男清三氏の語るところは、みな「たっち」と呼んでいたということである。紫朗氏の語るところによると、明治年代に発行された高等小学校用の修身書などに辰致の事蹟が掲載された時、各種の読み方をしたのが混乱のもとであろうということである。」（一七、一八頁）

このように書いた村瀬正章は結論的に「たっち」が正しいと見出しに書いているが、臥雲辰致の二男・家佐雄（のちに須山家を継いだ）が「ときむね」と呼んでいた事実に何も触れていない。須山家佐雄の長男・須山惟慶から私は直接聞いたことがある。極めて不十分な調査によって断定してしまったのである。それが間違いのもとであったと私は思っている。しかも同書は榊原金之助著『ガラ紡績業の始祖　臥雲辰致翁傳記』を下敷きにして書かれているが、先学の榊原金之助が本文に「トキムネ」とルビしている部分を、なぜ軽視してしまったのであろうか。

いずれにしても、昭和四十年以降に発行された書籍で前掲書の影響を受けていないものには、一九八六年十二月に日本評論社発行の『講座　日本技術の社会史　別巻2　人物篇』の中の石川清之の論考「臥雲辰致――ガラ紡の発明」がある。その中で「がうんときむね」とルビしたあと、カッコ内に（「たっち」、「たつむね」などと呼ばれている。）と書いている。また一九八六年の『技術と文明』（第四冊三巻一号）に掲載されている玉川寛治の論文「がら紡精紡機の技術的評価」の中で「ガウン　トキムネ」としていることは注目に価する。

それ以外のものは前掲書、村瀬正章著『臥雲辰致』（昭和四十年二月発行、吉川弘文館）の影響をまともに受けて「たっち」と書いているように思われる。例えば『長野県百科事典』（昭和四十九年一月発行、信濃毎日新聞社）、『岡崎の人物史』（昭和五十四年一月発行）、『波田町誌』（昭和六十二年三月発行、波田町教育委員会）、『堀金村誌』（平成四年三月発行、堀金村教育委員会）、『日本の創造力（第四巻）』（平成五年四月発行、NHK出版）、宮下一男著『臥雲辰致』（平成五年六月発行、郷土出版社）なども同様であるが、何時かは「ときむね」と訂正する必要があろう。それらは前述した英文の出品目録の中の「GAUN TOKIMUNE」の重要史料の存在を知らないまま書かれてきた。日本の創造力を国際的に発表した英文の初出文献は極めて重要なものである。世界に誇れる独創的なガラ紡機の発明家「臥雲辰致」の国際性を尊重していきたいのである。今後、ますます国の内外から注目されていくに違いない。そ

臥雲辰致の記念碑（岡崎市郷土館前）

の名前を国際的に間違って紹介してはならない。それには地元の安曇野市から正しい情報（インターネットを含めて）を発信する努力が必要であろう。

最後に、今後の若い研究者のために、臥雲辰致の業績を今に伝える史料を具体的に記述してきたが、その保存場所を付記しておきたい。国立公文書館、岡崎市郷土館（所蔵史料とともに前庭に大正十年・一九二一年建立の記念碑「澤永存」）、安城市歴史博物館（復元したガラ紡機）、博物館明治村機械館、東京農工大学工学部附属繊維博物館、安曇野市・堀金村歴史資料館、長野県立歴史館、臥雲毅安などの所蔵史料である。

参考文献

北野進著『臥雲辰致とガラ紡機』（一九九四年発行、アグネ技術センター）
榊原金之助著『ガラ紡績業の始祖　臥雲辰致翁傳記』（一九四九年発行、愛知県ガラ紡績工業会）
村瀬正章著『臥雲辰致』（一九六五年発行、吉川弘文館）
玉川寛治「がら紡精紡機の技術的評価」（『技術と文明』第4冊3巻1号、一九八六年）
国立公文書館所蔵史料

第四章　安曇最初の電気・宮城発電所

中房川の宮城発電所と横澤本衛

北アルプスの燕岳や有明山から流れ出る中房川の渓谷には標高一千五百メートル付近に有名な中房温泉がある。その下流に今日では五つの水力発電所が稼働しているが、安曇平で最初の発電所が宮城(みやしろ)発電所（現、中部電力・宮城第一発電所）であった。安曇電気株式会社が明治三十七年（一九〇四）に創設した発電所であり、そこには一九〇三年、ドイツ製造の水車ＶＯＩＴＨ（フォイト）と発電機ＳＩＥＭＥＮＳ（シーメンス）とが日本の現役最古として活躍している。二〇一九年九月には設置以来、百十五歳である。ドイツで誕生から百十六歳を数える貴重な文化財・近代化遺産である。後述するように土橋長兵衛の電気炉製鋼法の発明の電気エネルギーであったから、日本の近代化遺産の価値が高い。

それ以前の長野県の水力発電所では長野電灯・茂菅発電所（明治三十一年、出力六十㎾）、松本電灯・薄川発電所（明治三十二年、出力六十㎾）、諏訪電気・落合発電所（明治三十三年、出力六十㎾、明治三十六年一台増設、出力百二十㎾）、飯田電灯・松川発電所（明治三十三年、出力六十㎾）、上田電灯・畑山発電所（明治三十五年、出力六十㎾）、信濃電気・米子発電所（明治三十六年、出力百二十㎾）の六つであった。その翌年、七番目に安曇電気・宮城発電所（出力二百五十㎾）が建設された。県下の最大出力であり、送電電圧一万一千ボルトも最初の試みであった。

安曇電気株式会社（資本金十五万円）の本社は大町（現、大町市）にあった。現在の中部電力大町サービスステーションの位置である。社長は北安曇郡北城村出身の横澤本衛であり、明治三十六年には衆議院議員になっていた。長野電灯社長・小坂善之助は信濃毎日新聞社の経営者であり、衆議院議員でもあった。諏訪電気社長・辻新次は森有礼文部大臣の文部次官をつとめ、明治二十九年から貴族院議員であった。当時の新しい電力事業は中央政界で活躍した信州人の人脈、交流を背景に進展したのであろう。前述の会社名のうち諏訪電気、信濃電気、安曇電気などが電灯ではなく電気としたところに、電気エネルギーを工場動力や電気軌道・電車など日本の近代化に向けた野心や先見性を窺うことができる。

この電力事業を推進した横澤本衛に私が興味をもったのは、昭和五十五年（一九八〇）であった。横澤本衛（北安曇郡北城村百六十六番地、現在は白馬村）とは、どんな人物か。『北安曇郡誌』や『信濃人物誌』などを読んでみたが、内容の間違いが気にかかった。その直後に、横澤本衛の生家のあとを継ぐ横澤よし（明治四十一年生まれ）の立ち会いのもとに、発掘した鉱山関係史料があった。それによれば、横澤本衛は「嘉永六年正月二拾壱日生」と記録されていた。墓碑には「大正四年二月十五日没　前衆議院議員横澤本衛　行年六十三歳」と刻まれていた。墓碑の手前にある一対の常夜燈を小谷貯蓄銀行が建立し、かつて安曇電気時代から永代供養の御燈明として電灯を点灯していたといわれるが、その形跡は見られなかった。

その史料調査の当日、横澤本衛の親戚筋にあたる白馬村村長・横澤裕と面談した。そのとき、「……常夜燈・永代供養の御燈明と言うのですから、それは中部電力に復活してもらいましょう。……」と私は冗談めかしく言ったことを覚えている。日本現役最古の水車と発電機を中房川に計画設置した人物の先見性に照らして、永代供養の御燈明に十ワット程度でも夜間照明していただくのも今日的意義があるのではないか。そのときの調査では発電所関係史料は発掘できなかった。社長はともかく宮城発電所の建設にたずさわった多くの人々の史料はどこかに埋もれているのであろう。

ここで社長について要約すれば、安曇電気・初代社長の横澤本衛（嘉永六年・一八五三年〜大正四年・一九一五年）は北城村の横澤本右衛門の長男として生まれた。幼名を権一郎といい、幼くして父を亡くした。十七歳から家業の酒造業や麻問屋の経営にあたった。明治十五年（一八八二）から北城郵便局長をつとめた。明治二十二年に北安曇郡会議員、明治二十四年に県会議員、明治二十八年に北安曇銀行を創立して頭取、明治三十三年に小谷貯蓄銀行を創立して頭取となった。明治三十六年に安曇電気株式会社の社長に就任、三年後の三十九年に退任した。このころの電力供給地域は大町、池田、穂高、豊科の人口密集地帯に二千余灯が配電された。会社設立以来、数年間は経営が苦しく自らの私財をつぎ込んで公益に尽力した。晩年は中風となり大正四年に六十三歳の生涯を閉じた。横澤本衛の北城村に電灯が灯ったのは没後二年の大正六年であり、そのとき永代供養の御燈明が灯ったのであろう。

横澤本衛（ほんえ）

なお、前述した鉱山関係史料によれば、横澤本衛は明治末期に大黒鉱山（富山県下新川郡舟見村、愛本村、内山村地内）の金・銀・銅・亜鉛・鉄の鉱山事業に関係していた。銅のサンプルを足尾銅山の古河市兵衛のところに持参したという話もある。足尾銅山では渡良瀬川の水を利用した間藤（まとう）発電所が明治二十三年に完成し、鉱山用の電力を稼働した。このときから古河市兵衛はドイツのシーメンス社との関係を深めていた。間藤発電所にドイツ製の機械を設置したときシーメンスのヘルマン・ケスレルが関係した。

のちの大正十二年（一九二三）に古河とシーメンスとの合弁会社・富士電機製造が設立され、重電機メーカーとして発展する。その子会社であった富士通が今日では世界的に活躍するＩＴ時代が到来した。しかし中房川の宮城発電所のドイツ製の水車や発電機が長持ちした背景には富士電機製造・松本工場の存在に私は注目している。次項ではへルマン・ケスレルの姿を中房川の宮城発電所のトンネル工事の現場写真に見ながら詳述したい。

ヘルマン・ケスレルと野口遵（したがう）など

ここに一枚の写真がある。昭和五十年（一九七五）に発刊の『中房川発電所写真誌』に掲載されているものである。その写真説明には「導水トンネルの機械掘り工事開始、外人技術者と新鋭土木機械の導入、外人のワラジ姿が面白い」と記されているだけで、その名前が不明のままであった。

その後の私の調査研究によれば、ワラジ姿の外人はドイツ人のヘルマン・ケスレル（シーメンス・ウント・ハルスケ日本支社長）であることが判明した。また写真の前列右側に座っている青年は野口遵ではないかと思いながら、手元の『野口遵翁追懐録』（昭和二十七年発行）を読み返してみた。

宮城発電所の導水トンネル工事　左端に立つドイツ人ヘルマン・ケスレル　右端に座る30歳の野口遵

その本の中に、野口遵の末弟・野口餘波（なごり）が「兄遵のことども」と題して書いている。「ところで兄が後年大事業を遂行する萌芽といってよい事業家らしい仕事を始めたのは、長野県で同縣出身の男爵辻信次氏等の後援を受け安曇電気を計画したことです。これが動機となって江之島電鐵・駿豆電気會社を計画し……」と記述している。ここに書かれている男爵辻信次は辻新次が正しいと思うが、諏訪電気社長や伊那電車軌道株式会社社長などをつとめた人物である。記述内容から見れば、野口遵の仕事を辻新次が後援したことになる。やはり辻新次が横澤本衛にアドバイスしたのであろう。

この辻新次は信州松本の出身である。『松本市史』や『信濃人物誌』から要約すれば、辻新次（天保十三年・一八四二年〜大正四年・一九一五年）は松本藩士・大淵介如水の次男に生まれ、辻家を継いだ。幼名は鼎吉、理之助、新次郎などであったが、新時代に新次と改めた。十二歳のとき藩学崇教館に入り漢学を学んだ。文久二年、二十歳のとき江戸に出て蕃書調所で蘭学などを学んだ。明治維新後に開成所教授試補となり、明治二年に大学教授、四年に文部省の権少丞に任ぜられ南校（のちの東京帝国大学）の校長となった。明治九年に権大丞となり、文部行政の中心で活躍した。明治十八年に森有礼文部大臣のとき、大臣官房長、学務局長を経て明治十九年に文部次官となった。明治二十九年に貴族院議員に勅選された。明治四十一年に多年の勲功により男爵を授けられた。大正四年に七十四歳の生涯を終わった。

以上が長野県に残る人物誌の概要である。今のＪＲ飯田線の前身にあたる伊那電車軌道株式会社や諏訪電気株式会社などの社長もつとめた。その史実も書き添えることは郷土史には必要ではないか。諏訪電気が諏訪地方の産業発展に貢献し、交通不便な天竜川沿いに電車を走らせたのは、近代化構想に違いない。その先見性には学ぶべきものがあろう。中央に活躍の舞台を持ちながら、松本平や安曇平の常念岳や有明山、故郷の山や川によせる思いが窺われる。

辻新次に関係して、晩年にあたる大正二年秋の書、「滾滾不盡（こんこんとしてつきず）」「大正癸丑之秋　男爵　辻新次書」が刻まれた記念碑が残っている。それは下諏訪の諏訪大社・秋宮から和田峠に向かう道路沿いに砥川発電所（御柱の木落としで有名な落合、落合発電所から取水）の水圧鉄管の上部、水槽正面の石に刻まれている。滾滾として尽きない信州の川の無限のエネルギーを象徴しているのであろう。

さて、野口遵（明治六年・一八七三年～昭和十九年・一九四四年）は旧加賀藩士の父親・之布の長男として生まれた。明治十一年から東京師範学校付属小学校入学、そして明治二十一年から第一高等中学校（のちの第一高等学校）で勉学した。その後、明治二十九年に帝国大学工科大学電気工学科を卒業した。間もなく福島県の郡山電灯会社の技師長として赴任した。二、三年を過ごし親友の藤山常一と仙台の三居沢においてカーバイトの共同研究に没頭した。明治三十一年、父の死去もあって郡山電灯を退社して東京に戻った。その後、アメリカ人が経営するハーブルブラン商会に入社したが、数カ月で退社した。そしてドイツのシーメンス・シュッケルト会社の東京支社に入社した。その時期に辻新次との出会いがあり、安曇電気社長・横澤本衛へと繋がるのである。

安曇電気・宮城発電所の建設を担当した青年技術者・野口遵は、のちに江之島電鉄・駿豆電気、九州の日本窒素を興した。朝鮮半島では赴戦江、長津江の電源開発と興南の工場建設を行った。さらに鴨緑江の水豊ダムによる鴨緑江満州発電所と鴨緑江朝鮮発電所の開発を行い、今日の中国や北朝鮮に多大な産業遺産を残している。昭和十九年に七十二歳の天寿を全うした。この国際的スケールの大事業家の野口遵の出発点に中房川の宮城発電所があった。その水車と発電機とが百十五歳を迎える意義を考えてみたい。

野口　遵

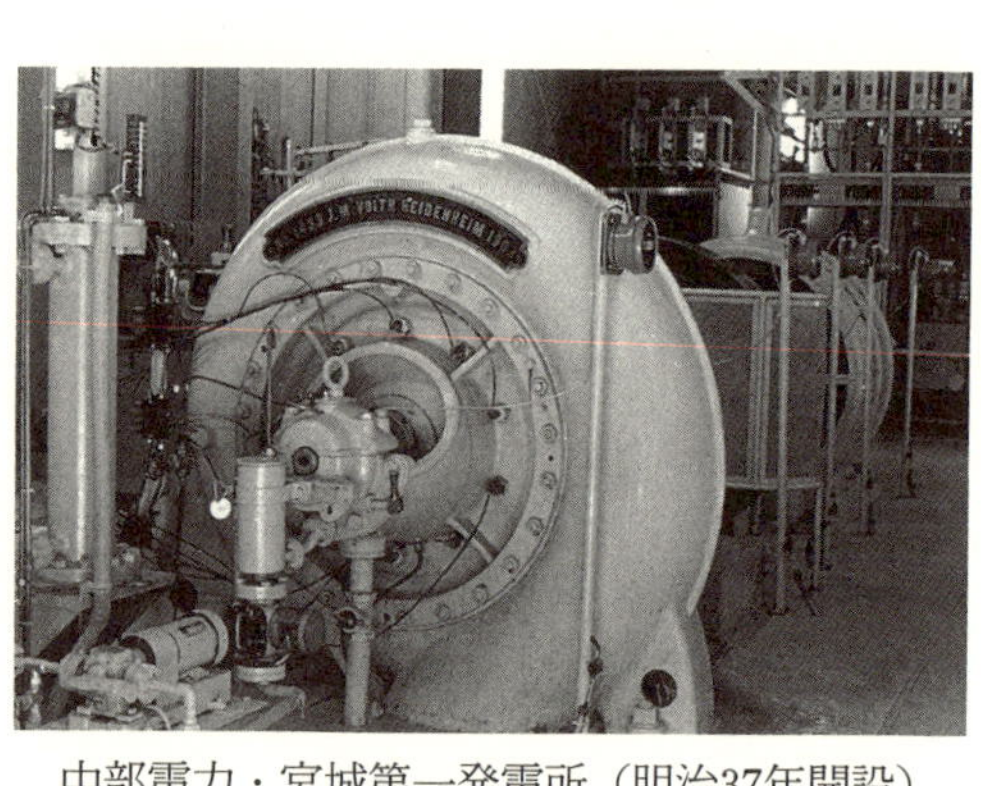

中部電力・宮城第一発電所（明治37年開設）
水車フォイト（手前）と発電機シーメンス（奥）

光る銘板1903

平成十六年（二〇〇四）年九月十一日（土）、中部電力・中房川宮城第一発電所において、百周年記念式典が行われた。三十七年前、私は産業考古学会会報『産業考古学』第23号（一九八二年三月号）に、中房川宮城第一発電所のドイツ製の水車ＶＯＩＴＨ（フォイト）と発電機ＳＩＥＭＥＮＳ（シーメンス）とが日本現役最古であることを検証した論考を書いてきた。

その水車と発電機とは関係者の努力によって、守り支えられ、ついに現役百歳を迎えた。水車ＶＯＩＴＨの銘板には、写真のように「No. 1433 J. M. VOITH HEIDENHEIM 1903」とドイツでの製造年が鮮明に光っている。その翌年、明治三十七年（一九〇四）九月から宮城発電所で稼働してきた（口絵写真参照）。

その百周年の機会に、中部電力大町電力センターでは山之井則夫所長が中心になって、記念誌『安曇野に電気が灯って一〇〇年』（A四判、一五四頁）の冊子を纏められた。そのために、安曇電気が建設した約百年前の史料を探したが、図面など一切残っていなかった。前述したシーメンスと関係の深い富士電機システム株式会社に依頼して、ドイツのフォイト社で関係史料を探してもらった。その結果、貴重な史料が発見された。すなわちシーメンス日本支社からフォイト社に発注された仕様書、工場試験記録、図面などが保存されていた。第一次、第二次世界大戦を経たドイツのフォイト社に保管されていたことは驚嘆に価する。同時に世界的なメーカーが史料を大切にし、その責任と誇

J. M. Voith, Maschinenfabrik, Heidenheim a./Brenz.

Turbine № 1433.

Firma: Siemens-Schuckert-Werke

Ort: Anlage Shinano Tokyo (Japan)

Bestellung № 8149

Bestellt den 13. Juli 03

Lieferbar „ 1. Oct. 03

System: Spiralturbine Gr. 5 B. 3%.

Grösste sek. Wassermenge cbm: 0,700　Q_1 = 9.45

Effektives Gefälle m: 37,8

Umdrehungszahl p. M.: 750　n_1 = 104

Leistung voll beaufschlagt 78 % Nutzeff., PS. 371

„ „ % „ „

„ „ % „ „

Leitrad:	**Laufrad:**
D_0 =	D_1 = 500
z_0 = 10	D_2 = 340
a_0 = 42 max	z_2 = 16
b_0 = 80	a_2 = 22
Regulierung:	b_2 = 120

Drehrichtung: links, ~~rechts~~. D_3 = 400; D_4 = 450.

Aufstellungsplan 1/20, 1/50. Zeichnung № 70352

Bemerkungen:

Laufrad Z. No. 70263.

F. 48. 1000. 21900.

ドイツのフォイト社に保存されていた1903年の水車の仕様書
（中部電力・大町電力センター提供）

りを今に伝えているのであろうか。その詳細は前掲書に譲りたいが、その仕様書「Turbine No. 1433」を図版で紹介しながら、少し補足しておきたい。

写真の一行目には「J. M. Voith. Maschinenfahrik. Heidenheim」とあり、「イー、エム、フォイト（会社名）、機械工場、ハイデンハイム（所在地）」である。二行目の「Turbine No. 1433」は「水車番号　１４３３」である。三行目の「Firma: Siememns Schuckert Werke」は「商会、シーメンス　シュッケルト会社」である。四行目の「Ort : Anlage Shinano Tokyo Japan」は「場所　設置　信濃　東京　日本」と読める。

続いて「Bestellung No. 8149」は「注文番号　８１４９」であり、「Bestellt den 13 Juli 03」は「注文日　一九〇三年七月十三日」、「Lieferbar 1 Oct 03」は「届け日　一九〇三年十月一日」とある。その下の大きい文字が「System Spiralturbine」は「型式　スパイラルタービン」などと記録されている。

当時のシーメンス・シュッケルト社の日本支社の東京には、前述したドイツ人のヘルマン・ケスレルが支配人として駐在していた。彼は電気技術者として実力があり、寛容で独特の風格を備えていた。そのヘルマン・ケスレルの下で仕事をしていた野口遵は、電気機械器具の販売や工事設計の請負なども手掛けていた。ヘルマン・ケスレルは十年ほど前に足尾銅山の間藤発電所にも関係した。前述のトンネル工事の写真の中に見える削岩機も銅山に関係の深い機械かも知れない。

すでに百年を経過した二〇〇四年、ドイツのフォイト社で見つかった仕様書にはヘルマン・ケスレルと野口遵とがかかわっていた。有名な言葉に「歴史とは現在と過去との間の尽きることのない対話である」（E・H・カー）といわれるが、改めて今、「歴史というものは、新しい史料の発掘によって、あとで大きな意味をもつ」ことがあると私は実感している。そのことは中房川の宮城発電所の水車と発電機とが日本の近代化遺産・文化財の価値を一層高めるに違いない。

宮城発電所の水路工事など

有明山神社の近くの宮城地区から少し歩いた中房川沿いに発電所がある。中房川の左岸の日当たりのいい山腹に発電所がつくられ、裏山の上部の水槽から水圧鉄管によって、水車の羽根(タービン)に水が流下する。当時、水圧鉄管もドイツからの輸入品かも知れないが、記録によれば「鐵管製造及び据付は東京芝區金杉鐵工所に頼み同所より島田某出張従事したりという」とある。日本では官営・八幡製鉄所（のちの新日本製鐵）が明治三十四年に創業し、軌道に乗り始めた段階の技術的レベルであった。その水圧鉄管の内径は二尺五寸（約七五センチメートル）、鉄管の厚さ二分（約六ミリメートル）、全長は三百五尺（約九二メートル）と記録されている。設置した水圧鉄管は長いので、寒暖による伸縮を考慮して、三カ所にアダムソン式エキスパンション・ジョイントを置いて調整できるようにした。水圧鉄管は鋼板を鋲・リベットで接続したものであろう。それと同類の水圧鉄管は前述の足尾銅山・間藤発電所跡に文化財として保存されている。

発電所の敷地は天然石を掘削し、水車の基礎をかねて放水渠を造った。「長さ三十尺、幅十二尺四寸、深さ十一尺六寸」というから、長さ約九メートル、幅が約三・七メートル、深さ約三・五メートルの寸法の放水路を切石で完成させた。これに鋼鉄の桁を架けて水車の基礎をつくり、発電機の基礎は岩盤上に直に切石を積んで完成した。

宮城発電所の裏山の水槽までの水路について触れておきたい。当時は川の流れをせき止めるようなダム式ではなく、水路式であった。三カ所で岩盤を穿ってトンネルをつくり、他の部分は開渠、蓋のないの用水路であった。当時の記録を今に伝えるものは雑誌『電気之友』（第百六十三号、明治三十八年二月発行）に「信州安曇電気株式会社工事概況」として「主任技師工学士　太田國馨」が執筆している。太田國馨は野口遵の後輩であり、帝国大学の学生実習で参加し、その後も継続したのであろう。それを要約すれば、中房川と黒川との合流点において巌石を切り開いて石門を築いた。そこを取水口にして中房川左岸の山腹に沿って、水路を造っている。

原文には「幅員四尺亘長五百五十間勾配二百分の一の開渠を設け、その深さは取水口より三號隧道までは三尺三號隧道より水槽前百尺迄は三尺五寸以下水槽までは四尺として其間三個の隧道と一の砂溜池及水路の末端に水槽を設く」と記されている。これを今日的なメートル法で表現すれば、水路の幅は約一・二メートル、長さ約一千一メートル、勾配二百分の一の開渠（蓋のない水路）である。水路の深さは、取水口から三号トンネルまでの区間〇・九メートル、三号トンネルから水槽の三十メートル手前まで深さ一メートル、その先の水槽まで一・二メートルと次第に深い水路である。その間に三つのトンネルと一つの砂溜・沈澱池をつくり、水路の末端（発電所の裏山）に水槽を設けたと読みとれる。

なお、三つのトンネルというのは、原文では「其第一は取水口に設けたる者にして其長三十二間其第二は最も短少にして長五間其第三は長十八間皆堅硬なる花崗岩より成りて巻立を要せず而して第一隧道は直に取水口に達するにより工事施行のときは一時中房川の對岸に於て水路を開き假設堰堤を河身水に横へ流域を對岸に移て以て河身中より隧道を掘鑿するを得せしめたり」と記されている。

要するに、第一トンネルは取水口をかねている。その長さ約五十八メートル、第二トンネルは短く約九メートル、第三トンネルは長さ約三十三メートルである。三つのトンネルは堅い花崗岩であり、壁面を巻き立てる必要もなかった。第一トンネルは直ちに取水口に達するので、工事のときは中房川の対岸に水路を開き、仮設の堰堤をつくり本流の水を対岸に迂回した。そして中房川の河身から隧道を掘鑿したのである。前述したヘルマン・ケスレルや野口遵な

明治37年（1904）創設の中房川の宮城発電所　現、中部電力・宮城第一発電所

どが写っている写真は、このときの困難なトンネル工事の記念写真に違いない。そこには前述した帝国大学の実習生、太田國馨の姿が見えるかも知れない。

工事用の資材運搬のために道路を開く仕事も人力であろう。大八車をひき馬の背をかり運搬した。前述したドイツから輸入した水車や発電機などは横浜港に陸揚げされた。陸路を汽車で明科駅まで運ばれた。篠ノ井線は明治三十七年に明科駅まで開通していた。その後、犀川、高瀬川か穂高川を舟で有明まで運び、それからは荷馬車で運搬された。このような多くの困難を克服して宮城発電所は明治三十七年九月十四日に運転を開始した。

安曇電気の経営

すでに長野県内にあった電灯・電気会社は明治三十一年の長野電灯・茂菅発電所（出力六十kW）、明治三十二年の松本電灯・薄川発電所（出力六十kW）、明治三十三年の諏訪電気・落合発電所（出力六十kW）、明治三十三年の飯田電灯・松川発電所（出力六十kW）、明治三十五年の上田電灯・畑山発電所（出力六十kW）、明治三十六年の信濃電気・米子発電所（出力百二十kW）であり、七番目が安曇電気・宮城発電所であった。

安曇電気以外は人口の多い町の近くに発電所があり、周辺に製糸工場などがあったので、それなりの需要があり経営は順調であった。しかし、安曇電気・宮城発電所（出力二百五十kW）は県下最大であり、水量と落差のある中房川の電源開発となったから、集落から遠い場所に発電所をつくった。広い範囲に配電するには設備投資も容易でなかった。配電のための変電所は計画当初は五カ所であった。大町変電所（五十kW）、池田変電所（二十五kW）、穂高変電所（二十五kW）、豊科変電所（二十五kW）、松本変電所（百kW）を予定していた。松本地区への電灯供給を見込んだ計画は松本電灯と競合し、しばらく効果がなくリスクを負うことになった。

安曇電気では安曇平に電力を供給するために、当時として過大な宮城発電所をつくり、一万一千ボルトの送電線や五カ所の変電所を設備していたが、一般の人々は電灯を利用する余裕もなかった。会社では電灯料金の収入も少なく、苦しい経営状態にあった。前述の県内の電灯会社は電灯の普及につれて黒字経営にあったが、安曇電気では明治三十九年十一月の臨時株主総会で資本金十五万円を十二万円に減資して損失に当て、役員や社員を減らして経営の刷新を図った。初代社長の横澤本衛は責任を取って十二月に引退した。その後任の第二代社長に藤森馥太郎が就任し、二年間の経営に当たった。このように創業から明治四十一年頃の会社経営に横澤本衛や藤森馥太郎などは私財をつぎ込んだといわれる。

ついでに、その後の安曇電気の経営者・社長を記録すれば、第三代社長・平林歡次郎が明治四十一年六月から大正二年九月まで担当した。第四代社長・内山昇は大正二年九月から昭和十年十一月まで務めた。第五代社長・高橋保は昭和十年十一月から十二年十二月まで務めたと記録されている。この高橋保は、のちに昭和電工副社長になった人物であり、「第五章　高瀬川電力開発と森矗昶」において詳述する。

この安曇電気の経営の困難な時代に、横澤本衛や藤森馥太郎に協力して余剰電力を利用した人物がいた。それは上諏訪の金物商人、土橋長兵衛であり、中房川の宮城発電所の電気エネルギーを使って、日本最初の電気炉製鋼法を発明した。その工場は松本島内の亀長電気工場であった。そこで展開された史実について次項から詳述してみたい。

電力を求めた土橋長兵衛

明治四十二年（一九〇九）、日本で最初の電気炉を使って、鉄鋼の製造技術を発明したのは上諏訪出身の土橋長兵衛であった。このことは『明治工業史　鉄鋼篇』（昭和四年発行、日本工学会）に「土橋電気製鋼所」として四頁にわたって記述されている。

それによれば、「土橋電気製鋼所は長野縣東筑摩郡島内村に在り。所主土橋長兵衛は、明治三十七年電気冶金の研究に志し、明治四十一年七月遂に長野縣東筑摩郡島内村松本新橋（現在の場所）に工場を設置せり。同四十二年に至り電気爐を用ひて製鋼操業を開始し、同四十三年始めて高速度工具鋼を製出せり。……明治三十七年、電熱應用の製鐵製鋼の研究に著手し、自己考案に係れる電気爐模型數種と、其の他必要なる附属器具等を創造し、東京電燈、横濱共同、松本電燈、安曇電気等各會社の電力を買受けて試験せしが、其の結果は皆失敗に終りたれども、其の経験に鑑み、小規模にては目的を達すること不可能なることを悟り、明治四十年に至り安曇電気株式會社と更に電力供給の契約を結び、同年島内村現在の場所に工場を設けて専心研究に従事し、東京帝国大学教授俵國一及び海軍工廠の技師等に教を請ひ更に學理を究め實験を重ぬること二箇年餘、苦心の結果、遂に電気を應用して鐵鑛より鐵を製出し、又高速度鋼材及び特殊鋼其の他各種の鐵合金を製出し得るの域に達せり。」と記している。

この記録に私の見解を追加しながら要点を書いておきたい。土橋長兵衛は上諏訪で金物商を営んでいた。良質の鉄鋼金物は輸入品が多く「外国で作れるものが日本でもできないことはない」と考えていた。上諏訪桑原の自宅裏の屋敷に人を雇って鋳物工場をはじめた。次第に改善を加えながら、松本島内に工場を建設する以前の明治三十七年頃に

日本電気工業・松本工場（昭和12年頃）

は、諏訪湖畔の渋崎に電気冶金の工場を拡張していた。小型の電気炉を使って実験を繰り返したが、失敗していた。当時の電力は地元の諏訪電気・落合発電所（明治三十三年に出力六十kWで創設、明治三十六年に増設し出力百二十kW）から供給されたものである。この段階では東京電灯や横浜共同は関係していない。土橋長兵衛は「小規模にては目的を達すること不可能なるを悟り」、さらに大きい電力を求めて、明治四十年に安曇電気と電力供給の契約を結んだ。そして松本島内に亀長電気工場を建設した。

亀長とは土橋長兵衛の屋号・亀屋の長兵衛に因んでいる。この亀長電気工場は明治四十四年に土橋電気製鋼所と改称した。その後、日本電気工業、昭和十四年に昭和電工・松本工場となり電解鉄の製造を継続した。敗戦後の昭和二十二年頃は電解鉄の純度において世界の一流品といわれた。昭和二十九年（一九五四）に昭和電工・塩尻工場に吸収され、翌三十年に松本工場での電解鉄の操業を終えた。その技術は最近まで昭和電工・東長原工場（福島県）に継承され、世界一の電解鉄・アトミロン、純度九九・九九九％として貢献している。平成十二年（二〇〇〇）、電解鉄の製造技術は東邦亜鉛に譲渡され、土橋長兵衛の業績は連綿と続いている。

その亀長電気工場、土橋電気製鋼所、日本電気工業、昭和電工・松本工場と変遷した電解鉄の発祥の地は住宅地域になっている。今は当時の業績を偲ぶものはないが、後世のために正確な記録を残す必要があると思っている。その場所は松本市島内四六六二〜三番地である。国道一九号の松本市・新橋の交差点から、国道一四七号を豊科方面に向かい、すぐ奈良井川にかかる橋を渡り、七百メートルほど進んだ場所である。勘左衛門堰を渡った付近、右手の一角、松波団地がそこにある。亀長電気工場の跡地は信濃毎日新聞社島内営業所と小沢理容店との隣接地である。そこから少し梓橋の方向へ進めば左側に歴史を語る変電所が見える。

亀長電気工場

日本で最初の電気炉製鋼法の発明は、中房川の宮城発電所の電気エネルギーで成功した。安曇電気の余剰電力を生かす道を開拓した土橋長兵衛と、経営に苦慮していた横澤本衛との間に、どのような出会いと繋がりがあったか、今では解明の手掛かりもない。しかし、横澤本衛が関係していた北アルプスの黒部側の大黒鉱山の金・銀・銅・鉄・亜鉛などの鉱山事業が背景に潜んでいるのかも知れない。時代性としては秋田県の小坂鉱山や栃木県の足尾銅山などの銅精錬が軌道に乗っていた。

それとは別に、鉄鉱石から鉄をつくる技術開発を電気炉を使って土橋長兵衛は開発した。その記念すべき日は明治四十二年（一九〇九）一月三十一日、土橋長兵衛が四十二歳のときであった。この画期的な電気炉製鋼法が信州で開発されたところに豊かな水力発電エネルギーが直結していた。日本の近代化の中で明治政府が力を入れた官営八幡製鉄所（のちの新日本製鐵）は八年前の明治三十四年にドイツ人技師の指導のもとに設立されたが、技術上の失敗で低迷していた。軌道に乗ったのは、その後の工学博士・野呂景義の努力によるものであった。しかし、電気エネルギーを利用する電気炉製鋼の発想はなく、その発展段階には到達していない。

世界的にみてもフランス人エルーの発明した弧光式電気炉製鋼は十年前の一八九九年（明治三十二年）であり、ジロー式の電気炉製鋼の発明が三年前の一九〇六年（明治三十九年）である。土橋長兵衛の仕事はエルー式、ジロー式に匹敵する方式であった。時代を考えれば、ヨーロッパの先進国フランスの開発技術の情報が僅か三年で信州松本に導入されるはずがない。

例えば、外国からの技術導入について、明治期の信州の製糸業ではイタリア式製糸器械は東京築地製糸場を経て、明治五年に土橋半蔵（長兵衛の伯父）によって上諏訪深山田の地蔵寺下に導入された。またフランス式製糸器械は群馬県の富岡製糸場を経て、横田英によって信州松代西条の六工社に導入された。その技術導入の経緯からみても、土橋長兵衛の技術開発は全く独自であり、時代を先取りした発明であった。

ここに一枚の写真がある。当時の「亀長電気工場」の名前入り法被をきた従業員たちである。明治四十二年一月の記念写真であろう。前列左から犬飼巧（当時十七歳、のちに大同製鋼へ）、電気工場職工長、技師総主任（東京工芸学校電気科卒）、後列中央は松本の浜鋳物工場の経験者などであるが、氏名が不詳であるのは残念である。これらの人々が亀長電気工場の現場で土橋長兵衛に協力して電気炉製鋼の技術開発を推進した。

前述した『明治工業史』の中に、「……島内村現在の場所に工場を設けて専心研究に従事し、東京帝國大学教授俵國一及び海軍工廠技師等に教を請ひ、更に學理を究め實験を重ぬること二箇年餘、苦心の結果、遂に電気を應用して鐵鑛より鐵を製出し、……」と記されている。ここに登場する「俵國一及び海軍工廠技師等に教を請ひ」という背景について、次項の「産学提携をめぐって」において詳述したい。

日本最初の電気炉製鋼所
松本島内に創業した亀長電気工場
明治41年（1908）ごろ

明治42年亀長電気工場の従業員
中列左から犬飼巧、萩原職工長など

東京帝国大学冶金研究室（大正６年頃）
前列中央が俵國一教授

産学提携をめぐって

まず東京帝国大学教授俵國一について触れておきたい。俵國一は明治五年に島根県石見国浜田の三代目俵三九郎の六男として生まれた。地元の島根県立第二中学校と松江中学校に学んだあと、明治二十一年春に上京、東京神田淡路町の共立学校を経て明治二十九年に第一高等学校に入学、続いて帝国大学工科大学に進み、野呂景義教授（近代鉄鋼技術の巨匠）の教えを受け明治三十年七月に採鉱冶金科を卒業した。同年九月には東京大学助教授に任官された。明治三十二年七月にドイツ国へ留学、フライベルグ大学で鉄冶金学を三年間にわたって勉学した。明治三十五年に欧米諸国を経由して帰国、十一月に東京帝国大学教授に就任、翌明治三十六年には工学博士の学位を取った。その後、ドイツからツァイス社製マルテンス金属顕微鏡を輸入し、鉄鋼に関する顕微鏡による金属組織研究を開始した。ことに鋼の焼き入れ・焼き戻しに関する研究を推進した。

この鉄冶金学者の俵國一に土橋長兵衛はどのように接近して教えを受けたのであろうか。上諏訪の金物屋の主人が明治期に東京帝国大学の赤門をくぐって冶金学教室に出入りできるほど、東京大学は開かれた大学ではなかったと思われる。しかし実際には相当の関係にあったことは確かである。かつて昭和五十三年（一九七八）の夏に、私は土橋康子（長兵衛の長男・鶴松の妻）から「俵先生の所にはよく行っておりました」と直接に聞いたことがある。それは鶴松のところに北安曇郡池田町の呉服屋から嫁いできた大正時代の記憶であろう。その調査当時に喜寿を迎えられていたが、生前の土橋長兵衛の研究を支えてきた唯一の現存者であった。史料や手紙を何度か頂戴したが、昭和五十六年に他界された。

その後、浮かび上がってきたのが、前述の「海軍工廠技師等」という無名の人物の存在である。これは長野県茅野出身の吉川晴十（きっかわはるじゅう）（のちに海軍少将・東京大学教授）であった。吉川晴十はのちに俵國一博士のあとを継いで東京帝国大学の教授になる人物であるが、これも信州の人物誌の中には名前さえ記録されていない。活躍の舞台が呉海軍工廠や東京大学であったから、郷里から忘れられたのであろうか。吉川晴十博士は「不銹鋼の研究」、今日的にはステンレス鋼の研究で工学博士の学位を取っている。

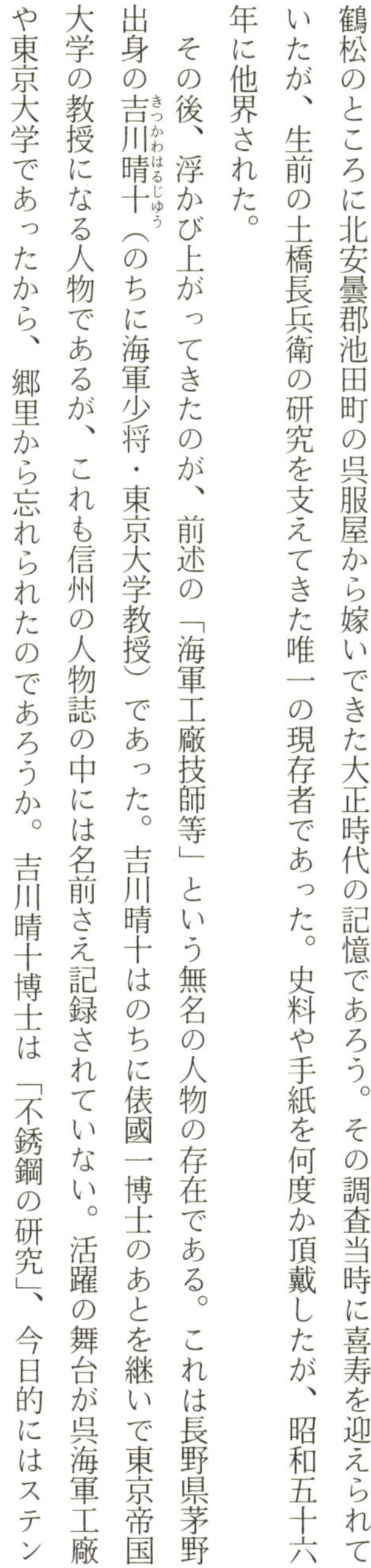

吉川晴十（きっかわはるじゅう）

吉川晴十は明治十八年に長野県諏訪郡玉川村に父親・周作の次男として生まれた。地元の尋常小学校（明治二十九年三月卒業）、原泉野高等小学校修業（明治三十二年三月）を経て、明治三十二年四月に長野県諏訪郡立実科中学校（のちに諏訪中学校と改称、現在の諏訪清陵高校）に入学した。明治三十七年三月同校卒業、九月に第一高等学校二部甲類に入学し、明治四十年七月卒業、明治四十年九月に東京帝国大学工科大学採鉱冶金科に入学し（翌年海軍造兵学生を命ぜられ）明治四十三年七月卒業、海軍造兵中技士として呉海軍工廠に勤務した。その後、明治四十四年から大正四年までドイツ、イギリスなどに留学して帰国した。吉川晴十の研究業績などは割愛するが、詳しくは北野進編『信州の人と鉄』（一九九六年発行、信濃毎日新聞社）に「俵國一と吉川晴十」の項目を収録しているので参照していただきたい。

さて、ここで注目するのは、明治四十年（一九〇七）に吉川晴十は東京帝国大学工科大学採鉱冶金科で俵國一との出会いがあったことである。その青年学徒・吉川晴十の仲介によって土橋長兵衛が俵國一に接近したと考えるのが妥当である。吉川晴十の父親は諏訪鋸の産地・茅野玉川で鋸問屋と鋸行商を兼ねていた。金物商の土橋長兵衛とは商売上から深い関係にあった。独学の土橋長兵衛は明治初期に自分の養子先で学業を続けることができなかったので、吉川周作（晴十の父親）の次男坊が優秀であると聞けば、多少の学費の援助はしたかも知れない。吉川晴十が冶金学の道へ進む背景には、玉川村穴山（現、茅野市）一帯の鋸生産と鋸の材料である良質の鋼への関心があるであろうか。

いずれにしても金物商と鋸行商、鋸行商の息子と東大、東大冶金学教室と俵教授とつなげることができる。そこに土橋長兵衛と吉川晴十と俵國一との三人による産学提携が成立するのである。今日的には、中小企業の経営者が好学の青年を仲介にして研究機関と共同研究を推進する姿の日本最初の試みであったかも知れない。

独学の発明家

土橋長兵衛は慶応四年（一八六八年は九月八日に明治元年と改元）八月朔日、酒造業㊄万年屋の土橋治三郎の次男として生まれた。その直後から土橋総本家にあたる㊁亀屋の養子になることが決定していた。幼名は田実治（たみじ）といったが、土橋総本家では代々長兵衛、長右衛門を交互に襲名していた。田実治は十三代長兵衛を名乗った。

養子先の土橋家は明治初期には没落して裕福ではなかった。高島小学校を卒業後は独学で勉強したようである。前述した土橋康子（長兵衛の長男・鶴松の妻）から「父は、英語やドイツ語は諏訪にいた牧師さんから教えてもらったのです」と直接聞いたことがある。土橋長兵衛の実兄、八千太は少年時代十五歳のとき上諏訪を離れて上海経由でフランスに留学した。神学を学びパリ大学では数学・力学・天文学などをポアンカレに師事し、哲学博士となって明治四十四年九月に帰国した。昭和十五年（一九四〇）から昭和二十一年まで六年間、上智大学の学長になった人物である。そのことは信州ではあまり知られていない。

全盛期の土橋長兵衛

少年時代の話によれば、明治十三年六月、明治天皇が山梨三重京都御巡行の途中、諏訪地方に行幸された。そのとき土橋兄弟は優秀であり選ばれてお給仕を勤めたといわれる。その後、間もなく兄の八千太は中国を経てパリへと旅立った。二度と故郷の土を踏むことなく、晩年は上智大学の神父館で生涯を終わっている。

弟の田実治、土橋長兵衛は亀屋（亀屋長兵衛から亀長ともいう）の金物屋を再興すべく努力した。亀長電気工場を明治三十七年に設立し、最初の画期的な発明のことは前述した通りである。明治四十四年に土橋電気製鋼所と改称して企業経営も研究もともに軌道に乗っていった。多額納税者になった土橋長兵衛は第一次世界大戦後には鋼の製造を中止して研究に傾注することになった。

大正末期から鶴見の日本電解製鉄所において電解鉄（純鉄）の研究を続けて昭和二年（一九二七）、六十二歳のときに「回転式円筒形陰極ヲ使用スル電解鉄ノ製造法」という特許を得ている。優れた研究開発のために多額の研究費を投資したのである。一方、昭和の世界恐慌とともに松本島内工場は閉鎖となり、信濃銀行の財産管理となった昭和十年、総額二万円（工場面積一千三百坪、建物五棟など）で森矗昶（のちの昭和電工初代社長）に譲渡される運命となった。

晩年の土橋長兵衛は「人造金の発明課題があるので、どうしても、もう三十年は生きて仕事をしたい。私財を投げ出してしまったし、発明は楽ではないが、完成の喜びは何にも代えられないものだ」と研究者としての情熱は旺盛なものがあった。人造金の発明への夢を抱きながら、昭和十四年十一月十三日、七十二歳の生涯を閉じている。墓は上諏訪の名刹、桑原山正願寺（諏訪市岡村一丁目十五番三号）にある。ここには分家にあたる土橋半蔵（明治五年に信州最初のイタリア式製糸器械を上諏訪に導入した先覚者）の墓や河合曾良（松尾芭蕉の『奥の細道』に同行した）の墓もあった。

土橋長兵衛という独学の発明家の生涯を辿るとき、多くの人々の協力の姿が残像として見えてくる。日本最初の電気炉製鋼法の発明は、同時代の官営八幡製鉄所ではなく、信州松本島内の亀長電気工場、民間の小工場で成功した。それは中房川の宮城発電所の発電エネルギーであった。すでに詳述してきた横澤本衛や野口遵やヘルマン・ケスレルなど多くの人々がかかわった明治三十七年（一九〇四）九月の宮城発電所完成から四年余、明治四十二年（一九〇九）一月の厳冬期の信州での発明に頭がさがる想いである。ここに技術文化の開拓者とそれを支える人脈の親交があり、時・所・条件の出会いを大切に生かした時代性の結果であろうか。次項では宮城発電所建設後、まだ宮城第二発電所（大正七年建設）がない時代の中房川渓谷について、その時代性を探ってみたい。

中房川渓谷とウエストン

前述の宮城発電所が完成した八年後、大正元年（一九一二）八月にウエストン夫妻は宮城の有明山神社に一泊した史実があった。言うまでもなく、このウエストンはイギリスの宣教師、登山家ウォルター・ウエストンのことである。当時、有明山神社には電灯が灯っていたのであろう。一泊したことは殆ど知られていない。

何年か前に、ウォルター・ウエストン著『極東の遊歩場』（"The Playground of the Far East", London, 1918）を私は読んで、そのことを知っていた。「一九一二年八月」と読み取ることはできたが、何日か書かれていない。そして翌日から中房温泉に数日にわたって泊まっていたが、日時は全く不明のままであった。そのことを気にかけながら、有明山神社には大正元年八月十二日から十三日にかけて一泊したと断定するまでには、何年かの長い歳月がかかった。

ちなみに、ウエストン関係文献でも一九一二年を明治四十五年八月と記述しているが、大正元年が正しい。明治天皇は七月三十日に崩御され、年号が明治から大正に改元された直後のことである。

その史料調査の手初めとして中房温泉に関することから始まった。そのことに少し触れておきたい。中房温泉は信濃富士と呼ばれる有明山の西、燕岳の山麓にある。中房川の上流、合戦沢と合流する地点で標高一千五百メートルの谷間にある。犀川水系の上流にある温泉としては、白骨温泉とともに古くから登山者に愛されてきた山の湯であった。私も何度か泊まっている。

中房温泉の発見は何時の時代か明確でないが、文政四年（一八二一）に明盛村（現、安曇野市）の百瀬茂八郎によって開湯され、大正十年（一九二一）に開湯百年祭を行ったと『南安曇郡誌』（大正十二年十月十五日発行、旧版）

に記録されている。これをもとに計算すると平成三十一年（二〇一九）現在、百九十七年の年輪を重ねたことになる。

中房温泉の経営は初代の百瀬茂八郎、権三、亥三松、彦一郎、孝へと受け継がれてきた。明治、大正、昭和、平成時代へと移り行く中で、源泉の温度九十六度と湧出量とは昔も今も余り変わっていないようである。これまで近代登山の黎明期にあって、北アルプスに魅せられた多くの岳人が中房温泉の湯に汗を流したのであった。私も、かつて燕岳から東鎌尾根を槍ヶ岳へ登るとき、また燕岳から下山するときには、何度もお世話になった中房温泉である。

古くは大正元年、ウォルター・ウエストン著『極東の遊歩場』（岡村精一訳、一九八四年新装版、山と渓谷社）を丁寧に読んでみたが、やはり八月の何日か書かれていない。そのことは後述する。ついでに日本アルプスを広く世界に紹介したウォルター・ウエストンについて触れておきたい。

ウエストンのこと

ウォルター・ウエストンは一八六一年（文久元年）生まれのイギリス人で一八八七年（明治二十年）にケンブリッジ大学を卒業した。イギリスの宣教師として、三度日本にやってきた。第一回は明治二十一年から明治二十八年まで神戸に滞在した。第二回は明治三十五年（一九〇二）から明治三十九年（一九〇六）まで横浜に滞在した。第三回は明治四十四年（一九一一）から大正四年（一九一五）まで横浜に滞在した。このうち第三回の来日のときに有明山神社や中房温泉に泊まったのであった。

ウエストンの有名な著書『日本アルプス　登山と探検』（"Mountaineering and Exploration in the Japanese Alps", London, 1899）は第一回に来日したときの記録である。その中には明治二十五年（一八九二）の槍ヶ岳登頂、明治二十七年（一八九四）堀金村から烏川に沿って登り、常念岳に登頂したことが詳細に記録されている。

しかし、大正元年（一九一二）にウェストン夫妻が中房温泉に滞在した年月日を明確に記録した文献はなかった。そこで私は、平成五年（一九九三）十二月四日、中房温泉の百瀬孝社長を訪ねた。三郷村（現、安曇野市）のお宅で直接お目にかかって、関係史料を探して頂いた。その結果、大正十四年発刊の『中房温泉』という題名の冊子（五九頁の本文のほかに英文九頁など合計約七九頁の小冊子）があった。

その中にウェストン夫妻（妻の名前はフランシス・ウェストン）の英文の礼状が掲載されていた。ここに、その概要を記しておきたい。ウォルター・ウェストン夫妻は大正元年八月十三日から十六日まで中房温泉に滞在した。その英文の一部を直訳すれば「……八月十四日には私は信濃富士といわれる有明山に登った。登りは三時間、下りは二時間かかった。ことに東の方の素晴らしい眺望が見下ろせた。八月十五日には妻と私とは燕岳（Tubakura—Dake Byobu—Dake 屛風岳）に登った。日本の花崗岩のピークの最も美しい山（約九三〇〇フィート）であり、登りは五時間、下りは三時間半かかった。眺望は間近にある日本アルプスの高峰とともに非常に壮大・広大である。……」と書かれている。この手紙の文章の存在は誠に貴重な史料であると私は考えている。

このようにして北アルプス登山が盛んになっていった。燕岳から槍ヶ岳の登山道、喜作新道について少し触れておきたい。山本茂実著『喜作新道』（昭和四十六年十月発行、朝日新聞社）という題名の本があるが、これは史実を歪めている部分があると思っている。小説としても、人物が実名で登場する人もいるので、迷惑な話である。

喜作新道は中房温泉の百瀬亥三松とその息子・彦一郎との物心両面の援助があって実現したと私は聞いている。この百瀬亥三松と彦一郎の父子は宮城発電所の建設にも協力した。小林喜作は西穂高村の猟師であった。北アルプスに棲息するカモシカや熊や雷鳥などの獲物を追って猟生活をしていた。北アルプスの尾根から谷へ、くまなく歩いて獣

大正時代の中房温泉

On August 14th I climbed Ariake San, the Fuji of Shinano, which takes about 3 hours up and 2 down, and commands a fine view especially eastwards. On August 15th Mrs. Weston and I climbed Tsubakura-Dake (Byobu-Dake). one of the finest granite peaks in Japan, (about 9,300 feet) taking 5 hours up and 3½ hours down. The view is exceedingly grand and extensive, with most of the high mountains of the Japan Alps near at hand.

These 2 mountains were climbed for the first time by foreign travellers and we think them worthy of every attention.

We hope to return again to this pleasant spot, and renew the acquaintance of its kind and courteous host.

Walter Weston A. C. Hon. Memb. J.A.C.
Frances Weston, Ladies A.C.

9

ウォルター・ウエストンの礼状の英文

道を知っていたようである。この小林喜作が燕岳から蛙岩、西岳、水俣乗越、東鎌尾根の登山道を整備した。それは大正六年から九年の秋ごろまでかかって完成した。そのあと殺生小屋（現、殺生ヒュッテ）ができ、中房温泉から殺生小屋への荷揚げの中継点に西岳小屋（西岳ヒュッテ）が造られた。小林喜作は大正十二年、黒部渓谷で猟の最中に雪崩に遭遇して長男・一男とともに帰らぬ人となった。ちなみに登山道・喜作新道沿いの岩に穂高町の彫刻家・小川大系作「小林喜作レリーフ」が嵌められている。

さて、中房温泉への道は中房温泉の関係者や中房川の電力開発とともに次第に整備されてきた。ウエストン夫妻がこの道を歩いたのは、宮城発電所が建設されてから八年後のことであった。次項にウエストン夫妻が宮城発電所の近くの有明山神社に一泊したときの状況をウエストンの文章とともに紹介しておきたい。

有明山と神社など（ウエストンの記録から）

中房温泉へ行く前日、八月十二日夜にウエストン夫妻は宮城にある有明山神社に泊めてもらっていた。そのときの旅では、軽井沢から上田や篠ノ井を通り松本盆地へと六時間も汽車に揺られて明科駅に下車していた。その紀行文と有明山神社におけるウエストンの感想とを、前述したウォルター・ウエストン著『極東の遊歩場』（岡村精一訳）の中に次のような文章で書き残している。そのまま引用しておきたい。

「……幅広い犀川（サイガワ）の堤のそばを通り、北アルプス山脈の東の山腹にある松本盆地の明科へと滑りおりて行く。プラットホームの掲示板には、ここがここから隈（くま）なく見渡せる峻峰巨岩への一番便利な出発点と書いてある。十二マイル、ゆれる人力車に乗って――と言うよりおりて歩くこともあるので、道連れにして――行くと、宮城（ミヤシロ）という小さな部落に着いた。ここには、穂高（ホダカ）山の女神を祀（まつ）った立派な神社があった。その聖なる頂上に、われわれは後（あと）で登ることにしていた。この女神は、日本人の一人の説明するように、「風と嵐を治める」と言われている。そして、旱の時には雨乞い（雨を願うとりなしの祈り）という、女神のご機嫌をとる儀式をやりに、人々は彼女のところに行く。悩んでいる農夫に代わって派遣された猟師の一隊は、この山の低い斜面へと進んで行き、その騒ぎに神霊の注意をひき付け、待ち望む驟雨でその神聖をけがす焰を消してもらおうとするのである。この形式の「感応的魔術」が想い合わされるほかの山は常念岳と飛騨の笠岳である。私は、猟師が雨乞いの儀式をやりに家を出ていて彼らにどうしても手助けをしてもらえないことを、時折り経験した。

宮城で利用できるただ一つの宿泊施設は神主（「大きな神社の祭司長」）の家だった。彼には前に外人を一度も見たことがなかった。けれども、彼はこの上もなく、うやうやしく鄭重に、心を込めて歓待してくれた。直ぐさま、美しい築山の庭を見晴らす魅するような部屋に案内してくれた。この庭には、つつじの茂みとあやめの花床に半ば隠れた山のちょっとした滝の水が、絶えまない響きを立てて、小さい池に流れ落ちていた。真夜中頃、その子守歌のような水音は急にとまった。それで、目をさますと、おぼろげな朦朧とした人影が庭の飛び石を横切って動いていた。

これは、この家の主人とその息子が夕方われわれがちょっと口にした言葉を心にかけ、よく休めるようにと、寝床を抜け出し、その流れの水路のもっと高い所で、もっと遠い流れ路に流し込んでいたのだった。」とウエストンは記述していた。

このように、ウエストン夫妻は明科駅で下車後、人力車とともに宮城の有明山神社まで歩いた。その夜、有明山神社にウエストン夫妻は泊めてもらった。ウエストンが八月上旬と書いていた日は大正元年（一九一二）八月十二日であることが分かった。引用したウエストンの文章の行間から当時の状況を窺うことができる。

このウエストンの文章には深く心に滲みるものがあったので、何度か読み返してみた。その日、神主は「……うやうやしく鄭重に、心を込めて歓待してくれた。……」と記している。そして、夜中の出来事、「……この家の主人とその息子が夕方われわれがちょっと口にした言葉を心にかけ、よく休めるようにと、寝床を抜け出し、その流れの水路のもっと高い所で、もっと遠い流れ路に流し込んでいたのであった。」と中庭の池に落ちる小滝の水音に心を配っている情景を書き添えていた。その神主の名前は書かれていないが、私の調査では野々山義長である。その翌日、中房川に沿って中房温泉まで歩いた。この道は野口遵やヘルマン・ケスレルなどが宮城発電所の導水路のトンネル工事のために何度か通った道であった。

　ウエストンの記述によれば、「翌朝、この小さな部落を去り、中房（ナカブサ）温泉まで登って行った時、花崗岩の台座の上に立つ、大きな立派な青銅の像の傍（そば）を通った。これは数世紀前に有明山（アリアケサン）（「曙の山」）の頂上への道を拓（ひら）いた昔の登山家、ドードーを記念したものである。有明山はこの谷の谷頭（たにがしら）に聳えている険しい花崗岩の峰で、大きな城砦（じょうさい）にある一番上の稜堡（りょうほ）の突出部のように、松本平を見おろしてそば立ち、松本平では「信濃富士」という名でよく知られている。いま言った像はシャモニ〈Chamonix〉にあるドゥ・ソーシュール〈De Saussure〉の像を思い起こさせるが、それよりも生気が感じられ人の心をうつ。またその位置は、大きな神社に影を落とす高い木立の蔭にあるが、大きくて贅（ぜい）沢（たく）なアルプスのホテルに通じるあの道よりも、比較にならないほどふさわしいものである。

　温泉までの八マイルの道は、この上もなく美しい谷間を登って行った。曲がりくねっている峡谷を廻って行くと、前よりももっとロマンティックなものが次々に現れて来た。そこここで小路は、材木の支柱で支えられているだけだった。その支柱は、見る目まばゆい花崗岩の切り立った大岩のなかに打ち込まれていたが、その大岩は、湯川（ユガワ）の飛び散るエメラルドの流れの上に差しかかっていた。この湯川は、谷底までの五百フィートほとんど垂直に落ち込んだところを流れていた。頭の上には、木々でおおわれた絶壁——右岸には大天井（オーテンジョウ）の絶壁、左岸には有明山の絶壁——が高

大正３年（1914）８月に中房温泉を再訪
中央がウエストン、右が百瀬彦一郎
（写真は中房温泉・百瀬孝社長所蔵）

さ五千から七千フィートまでそそり立っていた。……（中略）……今、私という一人のヨーロッパ人が初めてやる楽しい遠征は、有明山と燕岳（ツバクロダケ）の登山だった。

有明山の高度は約七千五百フィートである。森林におおわれた花崗岩の絶壁を三時間足らず登って行くと、普通以上に景色のいい見晴場のところに来た。見ると、広々した東の方の足下には松本平が見え、西の方にはこんもり木の茂った、堂々とした燕岳（ツバクロダケ）と大天井（オーテンジョウ）の山腹が眺められた。これらの山腹の上の頂上は砕けた花崗岩の尾根になっていて、そのかなたには、目のとどく限り数千平方マイルの地域に広がる、山々の大海原の波が見えていた。私の仲間は、根本清蔵（ネモトセイゾー）という、私の今まで会ったうちで一番敏捷な妙義山（ミョウギサン）の登山家のほかに、百瀬（モモセ）さん、そして私たちと一緒に行かせてくれと頼んで来た三人の温泉客——一人の新聞記者と一人の画家と一人の写真家——だった。私たちが山頂の直ぐ下の小さい祠（ほこら）を通り過ぎた時、彼らのうちの誰彼は、帽子を脱いで恭々しく頭を垂れて祈りをしたが、ほかの人たちはその祠に何の注意も払っていないのに私は目を留めた。……」（山と渓谷社発行、ウォルター・ウエストン著、岡村精一訳『極東の遊歩場』一九八四年新装版から）。

ここに長い引用をしてきたが、当時の中房川の渓谷を正確に描写した文章はウエストン以外には皆無といってよい。宮城発電所建設のあと、大正七年に宮城第二発電所がつくられる以前に、ウエストン夫妻は根本清蔵とともに中房温

中房川渓谷と北アルプス概念図

泉への道を往復した。前記の百瀬さんは百瀬彦一郎であるが、中房温泉で別れるとき「また会いましょう」と約束した。二年後の大正三年（一九一四）の夏に再び中房温泉を訪れた。その翌年にウェストンは日本を去った。その二年後の大正六年の夏から宮城第二発電所の建設工事が開始される時代であった。

今では中房温泉へ自家用車で行けるほどに道路も整備されている。これも中房川の電力開発とともに進行したのであろう。中房温泉から下ると、信濃坂の下に中房第五発電所（昭和二年）、中房第四発電所（大正十四年）、宮城第二発電所（大正七年）、宮城第一発電所（明治三十七年）、宮城第三発電所（大正九年）と並んでいる。穂高町から中房温泉に向かって下から二番目が宮城発電所、今では宮城第一発電所と呼ぶようになった。安曇平において最初の電気を発電し、地域に電灯の光を灯した。そして、日本最初の電気炉製鋼を発明させてから数えて間もなく百十年になる。

その歴史を後世に正確に記録することは大切であろう。ちなみに『穂高町誌』を読んでみたが、中房川の下流から第一、第二、第三、第四、第五発電所と図版とともに誤記している。地元から誤った情報を発信してはならない。それに比較すれば、前述したウォルター・ウエストンがイギリスに帰国して三年後、一九一八年・大正七年にロンドンで出版した『極東の遊歩場』の中に有明山神社、中房渓谷、中房温泉、有明山、燕岳などを正確な史実として記録に残している。当時の日本文化を広く世界に紹介していることは有り難い。同時に、後世に残る出版文化の重要性を改めて考えさせられた。次項では宮城第一発電所の水車ＶＯＩＴＨ（フォイト）と発電機ＳＩＥＭＥＮＳ（シーメンス）とが現役最古であることに触れる。

なぜ現役最古の水車と発電機か

長い間、私は長野県を研究のフィールドに選んで技術史の研究を続けてきた。私の産業考古学というか、技術史研究の原則は「三現主義」というのである。「現場に立って、現物を見て、現実を思う」という「三現主義」である。その場合、唯、物だけに限定するのではなく、それに関わった人々にも視点をおき、多少の光を当てるように心かけている。

さて、中房川の宮城第一発電所と私との出会いは昭和五十五年（一九八〇）七月下旬のことであった。中部電力松本電力所の青木新男（当時の副長）の好意により、ＹＳ１１のプロペラを利用した当時の最新の風力発電をみた翌日、宮城第一発電所を案内していただいた。穂高町の有明山の山麓、重要文化財・松尾寺や鐘の鳴る丘で有名な有明高原寮の近くの坂道を登った。そのすぐ上に中房川の右岸から左岸に渡る橋があった。上流へ向かって下から二番目の発電所が宮城第一発電所である。舗装道路は中房川の本流から離れているので、発電所を樹間から見ることはできない。かつての小柴屋旅館の前の道を少し歩いて中房川に下った場所に宮城第一発電所がある。明治時代と違って今日では発電所も自動化、無人化が推進されてきた。

その調査当時、中部電力松本電力所に保存されていた中房川宮城第一発電所沿革記録によれば、「明治三十四年六月十四日起工シ、シーメンス製二五〇ＫＶＡ発電機及フォイト製水車据付並電気設備水路設備」と書かれ、「工事竣工、明治三十七年九月十四日」とある。さらに「発電機及水車其ノ他電気設備増設工事、精算額五四〇八、精算期日大正三年十一月、シーメンス製二八〇ＫＶＡフォイト製水車其ノ他電気設備増設並水路線増工事、竣工期日大正三年十一月三十日」とある。前者が一号機であり、後者が二号機を意味している。ともにドイツから輸入されたものである。その一号機の水車と発電機は当時七十七歳の喜寿を迎える頃であった。その回転音を聞きながら、信州の現役最古は間違いないが、日本現役最古かも知れないと思った。

その後、昭和五十五年十二月一日から二十二日まで『信濃毎日新聞』夕刊ぶんか欄に「信州産業革命の系譜――水

ドイツ製水車の銘板
上は２号機、下は１号機：1903年製

力発電所のルーツ——」を連載した。そのとき宮城第一発電所に触れ、信州現役最古の水車と発電機であると書いてきた。そして「日本現役最古」と断定するには約一年の歳月が私には必要であった。昭和五十七年、『産業考古学』第23号（一九八二年三月発行、産業考古学会）に「日本現役最古の水車と発電機——中部電力中房川宮城第一発電所——」という題名の論文にまとめて検証した。その内容はここでは割愛するが、それは四年後、『日本の産業遺産——産業考古学研究——』（一九八六年発行、二〇〇〇年増補版発行、玉川大学出版部）に収録されている。それに興味のある方は参照していただきたい。その時期から、すでに約四半世紀を経過したことになる。その意味では、歴史に残る水車と発電機とを保守してきた中部電力の関係者に敬意を表する次第である。

ちなみに、日本現役最古と断定するまでには、東京電力、東北電力、中部電力、関西電力などの関係者に史料提供と協力をお願いした。その頃、松本市の古書店・慶林堂で手に入れた小冊子、『電気事業統計』（明治四十三年発刊）の史料が参考になった。その中の一枚の地図を図版で次に紹介しておきたい。

その図は明治四十二年（一九〇九）末現在の水力と火力に関する日本列島の分布状態を示している。その説明には「電気事業所在地圖」「明治四十二年末現在　●水力　○火力」と見出しが書かれ、本文には「四十二年末ニ於ケル電気供給事業及電気軌道事業ノ所在位置ヲ表ハスモノニシテ未開業ノモノヲモ掲記ス●ハ水力○ハ火力ヲ原動力トスル事業ナリ」と記されている。

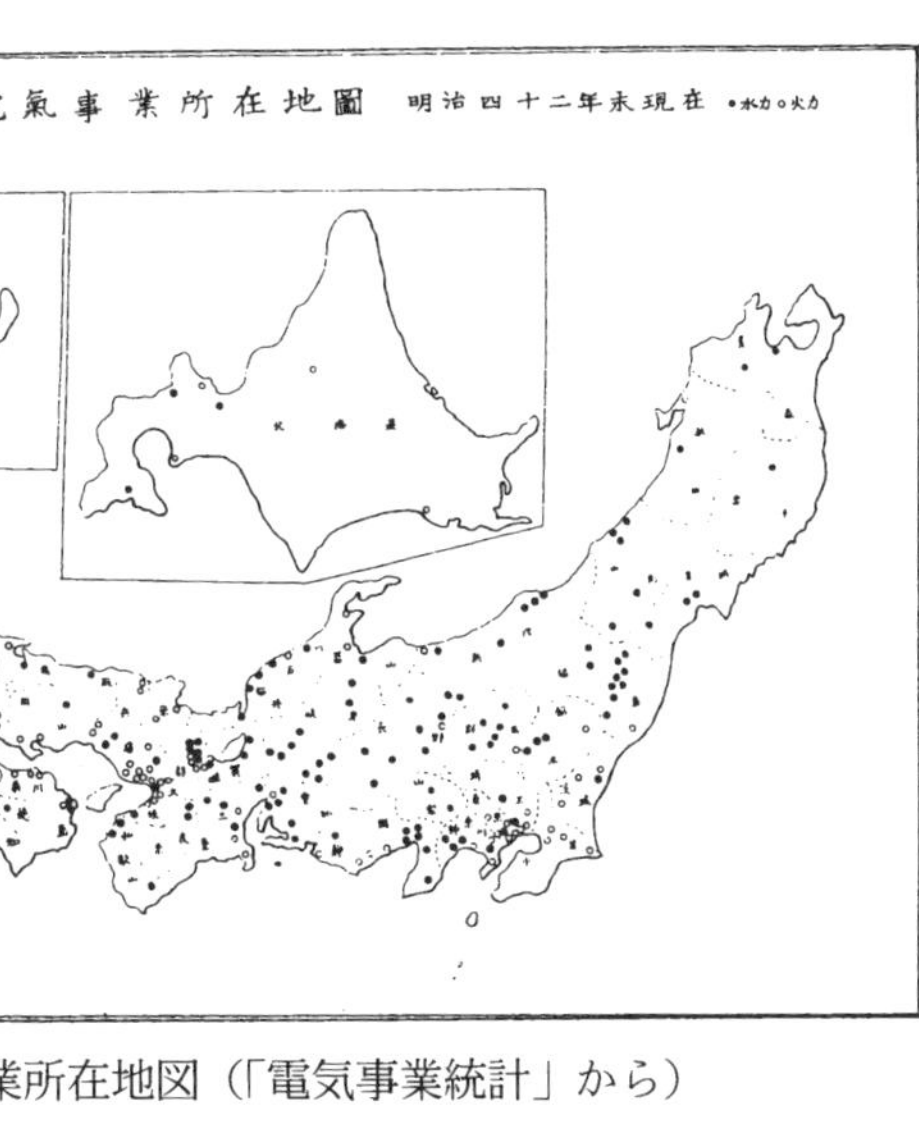

電気事業所在地図（「電気事業統計」から）

当時、長野県には●（水力）が九カ所、○（火力）が一カ所が記録されている。前述したように、長野電灯・茂菅発電所（明治三十一年、六十kW）、松本電灯・薄川発電所（明治三十二年、六十kW）、諏訪電気・落合発電所（明治三十三年、六十kW、明治三十六年さらに六十kW増設）、飯田電灯・松川発電所（明治三十三年、六十kW）、上田電灯・畑山発電所（明治三十五年、六十kW）、信濃電気・米子発電所（明治三十六年、百二十kW）、安曇電気・宮城発電所（明治三十七年、二百五十kW）、福島電気・杭ノ原発電所（明治四十二年、五十kW）、諏訪電気・蝶ヶ沢発電所（明治四十二年、二百五十kW）の九カ所である。

この九つの水力発電所のうち、同じ場所に現存（二〇一九年現在）しているものは松本市の薄川第一発電所、安曇野市穂高町の宮城第一発電所、下諏訪の落合発電所と蝶ヶ沢発電所の四つである。

ちなみに、明治三十年代の草創期には連続的に水力発電所が建設されてきた。統計数値によれば、一年に三三％の割合の増加率を示してきた。これは日本全体の水力発電所の数値であるが、火力に対して水力が多くなるのは明治三十九年以降である。この時代の国際的な数値に比較すれば、イギリス三一％、アメリカ一六％、ドイツ一五％、スイス九％であるから、イギリスと同程度の増加率になっている。

特に水力発電所は福島県の十カ所、岐阜県の十カ所に続いて長野県の九カ所が多いところである。その開発の背景には地元の企業家や地域産業との関係が窺われる。この時代は製糸業と諏訪電気などのような背景があるが、中房川の宮城発電所と電気炉製鋼との関係は、日本の近代化の中で極めて特異な存在である。これは日本の電気化学工業の出発点といってよい。

安曇平で最初の宮城発電所について、ここまで書いてきた。私が、この発電所に関心を持つようになった動機は、『明治工業史　鉄鋼篇』（昭和四年発行、日本工学会）の巻末の「土橋電気製鋼所」を読んだときの疑問点からである。その疑問に自問自答しているうちに四十年ほどの歳月が流れた。点から線へ、線から面へ、面から次第に立体的構造が見えてきた。これほど長い付き合いになるとも思わなかった。途中で『日本の創造力』第九巻（平成五年五月発行、ＮＨＫ出版）に「電気炉製鋼――忘れられた発明家土橋長兵衛」を執筆したので、宮城発電所と土橋長兵衛に少し今日的な光を与えることもできた。

私の研究作法「カン、カラ、コ、モ、デ、ケ、ア」

最後に、若い人々のために私の研究作法を追加しておきたい。技術史研究という歴史研究の仕事は、私の経験からいっても一つのテーマに十年以上の歳月をかけたものもある。一つのテーマに強い関心を持ち続けていれば、必ず新しい創造的な仕事が誰にもできると考えている。

その具体的な方法について、私の研究作法を少し述べてみたい。それは五十年ほど前に毎日新聞の記者が書いた「カン、カラ、コ、モ、デ、ケ、ア」という文章作法にヒントを得て、私の研究作法として今も応用している。

その第一の「カン」は「勘」を働かせて研究テーマを決定する。研究テーマは独創性・オリジナリティーがなければ研究の必要がない。十年、二十年の長い歳月をかけるに価する研究テーマを選択する。

第二の「カラ」は「カラフル」であること。内容に色彩があり、幅があり、豊な中身が必要である。第三の「コ」は「今日性」があるか。その歴史研究が今日どのような意味を持つか考える。第四の「モ」は「物語性」があるか。その論考が読み物として読者の心を捉えるものにしたい。

第五の「デ」は「データ」が正確か。それを裏付ける実証的なデータ、発掘した新史料の信頼性を含めたデータの問題である。第六の「ケ」は私の「見解」が明確であるか。同時に「決意」を鮮明にする場合もある。第七の「ア」は、内容が暗いイメージではなく、「明るく」、「有り難い」の「ア」である。

以上の七つの点、「カン、カラ、コ、モ、デ、ケ、ア」を頭において、私の技術史の研究は進められてきた。その私の研究作法は極めて実験工学的な手法である。目に見える現物の現象形態に対して、よく観察をする。仮説を立てて、その実体的構造を探り、その本質に迫る史料調査を忘れない。それと同時に、歴史の事実を示す幾つかの点の存在（史料の発見）を連結する。一筋の線に繋げる新史料が出現すれば、それが、やがて一つの広がりをもつ面を構成して行くのである。その断面が立体的構造の中に歴史の真相を浮き彫りにしてくれる。このような研究作法と手法を時間をかけて継続する。「継続は力なり」といわれるが、それを実践することが大切である。

この「第四章　安曇最初の電気・宮城発電所」は私の研究作法と文章作法で二〇一九年の正月に纏めたものである。私の技術史では「人と技術文化」に軸足をおくので、前掲の一枚の写真説明に「導水トンネル機械掘り工事開始、外人技術者と新鋭土木機械の導入、外人のワラジ姿が面白い」の記述では、調査不十分と判断する。そこを出発点として、ヘルマン・ケスレルや野口遵の存在が解明できるのである。それが辻新次、横澤本衛、土橋長兵衛、吉川晴十、俵國一などの連携を結ぶことになる。それらの人脈が郷土に画期的な電気炉製鋼を発明させた。それは今日、日本の電気化学工業の最先端の技術開発に直結しているのである。

参考文献

『明治工業史　鉄鋼篇』（一九二九年発行、日本工学会）
高梨光司編『野口遵翁追懐録』（一九五二年発行、編集会）
『俵國一先生を偲ぶ』（一九五九年発行、日本鉄鋼協会・俵先生記念出版委員会）
北野進著『信州のルネサンス』（一九八三年発行、信濃毎日新聞社）
北野進「日本現役最古の水車と発電機——中部電力中房川宮城第一発電所——」（『産業考古学』第23号、一九八二年発行、産業考古学会）
北野進著『信州の人と鉄』（一九九六年発行、信濃毎日新聞社）
北野進著『信州独創の軌跡——企業と人と技術文化——』（二〇〇三年発行、信濃毎日新聞社）
『安曇野に電気が灯って一〇〇年』（二〇〇四年発行、中部電力株式会社）
雑誌『電気之友』（第百六十三号、一九〇五年発行）
ウォルター・ウェストン著、岡村精一訳『極東の遊歩場』（一九八四年発行、山と渓谷社）

第五章　高瀬川電力開発と森轟祀

高瀬川電力開発の以前

大正時代末期のころ、安曇平の水力発電所には中房川水系に安曇電気株式会社が経営する五つの発電所があった。北アルプスの燕岳や有明山から流れ出る渓谷の中房川には、下流から中房温泉へ向かって、下から宮城第三発電所（大正九年十二月三十日、出力七百五十kW）、宮城第一発電所（明治三十七年九月十四日、出力二百五十kW）、宮城第二発電所（大正七年六月二十五日、出力四百七十kW）、中房第四発電所（大正十四年十二月三十日、出力六千七百kW）、中房第五発電所（昭和二年六月二十七日、二千百五十kW）の五つが今もその場所に稼働している。

建設当時の会社は安曇電気株式会社であった。本社を北安曇郡大町（現、大町市の中部電力大町サービスステーションの場所）に置き、初代社長・横澤本衛（任期明治三十六年四月〜三十九年十二月）、第二代社長・藤森馥太郎（明治三十九年一月〜明治四十一年六月）、第三代社長・平林歓次郎（明治四十一年六月〜大正二年九月）、第四代社長・内山昇（大正二年九月〜昭和十年十一月）などが、その経営に尽力していた。現在では中部電力に所属して水力発電所の無人化が進み、中部電力・大町電力センターが管理している。

第一次世界大戦の時期から、大町の高瀬川の電力開発に目が向けられたのであろう。大阪に本社を持つ藤田組がアルミニウムの製造を目的にして工場進出を始めた。それは子会社の日本軽銀製造株式会社であり、大阪亜鉛鉱業株式会社という藤田組の傍系会社であった。念のため付け加えると、当時、軽銀とはアルミニウムのことを意味していた。

もともと藤田組は長州萩（山口県）出身の藤田傳三郎（天保十二年・一八四一年〜明治四十五年・一九一二年）によって、創業された企業である。秋田県にあった官営・小坂鉱山の払い下げを受けて経営し、銅精錬や亜鉛精錬で成功を収めた。足尾銅山の古河市兵衛とともに有名な存在であった。また岡山県の児島湾の干拓工事も成功させた事業家でもあった。

その藤田組に関係する日本軽銀製造㈱ではアルミニウムの製造を試み、その主任技師として大阪高等工業学校（現、大阪大学工学部）出身の藤森龍麿（たつまろ）がいた。彼は兵庫県姫路の生まれであったが、はるばる大町へ赴任することになった。アルミニウム製造では多くの電力が必要である。親会社の藤田組では明治水力電気という会社によって、大町付近の水利権を確保していたが、水力発電所の建設は実現していなかった。

前述のように秋田県の小坂鉱山の銅精錬と亜鉛精錬との経営を手掛けていた藤田組がいよいよ大町に進出してきた。系列会社の大阪亜鉛鉱業㈱は大正七年九月に明治水力電気（資本金三百五十万円）を設立して高瀬川の発電事業を計画していた。それは自社の亜鉛精錬工場とアルミニウム精錬を狙う日本軽銀製造㈱との進出であった。水資源の豊富な高瀬川の電力開発の壮大な事業の幕開けであった。

大正七年（一九一八）十一月、大町駅の近くに信州工場を建設し、翌八年五月からアルミニウムの精錬実験を始めた。このときの電気エネルギーは、前述の中房川の水力発電所のうち、宮城第一と宮城第二発電所との電力であった。明治水力電気の計画は遅れ、第一次世界大戦後の亜鉛価額の暴落によって大阪亜鉛鉱業は経営が悪化した。その影響で明治水力電気の計画（三万kW）は頓挫した。幻の事業となり水利権は鈴木商店・味の素系列の東信電気㈱に合併譲渡された。

いよいよ東信電気では、森矗昶（のぶてる）（のちの昭和電工・初代社長）を大町に派遣してきた。すでに千曲川上流の佐久地方に四つの水力発電所（土村第一、第二、第三、箕輪発電所）の建設体験を積んだ、千葉県出身の森矗昶・建設部長であった。その手腕により、高瀬川の水力発電所、高瀬川第一、第二、第三、第四、第五発電所の建設への夜明け前を迎えた。

藤森龍麿と日本軽銀製造

日本軽銀製造㈱は大正五年（一九一六）に資本金百万円で創立され、本社を大阪に、工場を名古屋市郊外の矢田に建設して始まった。知多半島で採れる白粘土を原料として、アルミナ四百トンとアルミニウム二百トン（年産）の計画であった。

技師長に竹島安太郎（粘土からアルミナをつくる特許所有者）が生産に当たったが、アルミナの純度九〇％程度で、アルミナ製造工程に必要なソーダ価額が高騰して採算がとれなくなり、創業一年後の大正六年五月に工場閉鎖をした。それを十月から藤田組の系列の大阪亜鉛鉱業㈱が継承することになった。竹島安太郎のあと、林明（のちに住友アルミニウム精錬技師）と藤森龍麿（のちに昭和電工取締役、大町・横浜工場長）が担当した。大正七年一月以降、名古屋工場でアルミナを生産し、大阪亜鉛・西島工場で電解を分担して実験を繰り返した。その結果、純度九七％程度のアルミニウムを得ることに成功した。

これに自信を得て、大正七年一月に長野県大町に日本軽銀製造・信州工場の建設を開始して大正八年五月に竣工した。工場設備は三千アンペア、五十ボルトのモータ・ゼネレータと電解炉（四フィート×二フィート×十五インチ）六基を据え付けた。完成後、間もなく第一次世界大戦が終わり、経済情勢が悪化し不況に直面した。折角の信州工場も大正九年一月に閉鎖されることになった。

この時期の大正十年、軍需工業の助成のための「軍需工業研究奨励金交付規定」が公布された。アルミニウム工業は軍用の食器・飯盒や航空機材料として重要であり、その国産化のための適用の対象になった。アルミナと電極と電解の三つの技術開発が急務であり、国勢院から奨励金を交付されることになった。アルミナは東京工業試験所、電極は日本カーボン、電解は日本軽銀製造が担当した。ちなみに、国勢院総裁は諏訪出身の小川平吉であった。このことが大町の日本軽銀製造・信州工場の再開に無関係でもなかったように私には思われる。電解の技術開発として、日本軽銀製造へ多額の九万円の奨励金が交付された。大正十一年二月から前述の林明や藤森龍麿が中心になって大町で推進した。

奨励期間は四年間であったが、大正十四年一月にはアルミニウムの純度九九・〇四%を達成した。大正十四年七月に信州工場は閉鎖されたが、その間、約十トンのアルミニウムが試生産された。その後、昭和三年に大阪亜鉛の解散とともに日本軽銀製造・信州工場は消滅する。大町におけるアルミニウムの研究に貢献した藤森龍麿はじめ関係者の殆どは大日本人造肥料株式会社（富山）へ転職して大町を去った。

この大正時代末期に日本軽銀製造の藤森龍麿と東信電気の森矗昶との偶然的な出会いがあり、間もなく互いに別れていった。それが再燃するのは約十年後、大町の昭和アルミニウム工業所における「アルミニウムの発祥の地」となる昭和九年（一九三四）一月の成功であった。森矗昶と藤森龍麿との再会へ繋がる出発点であった。この昭和アルミニウム工業所は森矗昶の経営する日本沃度株式会社に吸収合併、大町工場となり、日本電気工業株式会社と改称した。そして昭和十四年に昭和肥料と日本電気工業とが合併して昭和電工・大町工場となって行くのである。

明治水力電気を東信電気が吸収合併

さて、前述した藤森龍麿は日本軽銀製造・信州工場でアルミニウム製造の電解実験を繰り返していた。その段階では高瀬川に発電所は未開発であり、中房川の宮城発電所の電力に依存していた。明治水力電気㈱の発電所計画では、明治四十二年（一九〇九）に会社設立準備組合によって「水力発電発生之為高瀬川河川引用願書」水利権の出願を始めた。当時、地元の常盤村（現、大町市）との折衝や大町などのトラブルがあり、ようやく九年後の大正七年に会社が創立された。その三年後の大正十年（一九二一）には東信電気に吸収合併される運命となった。

この時期に、東信電気では建設部長・森矗昶が大正八年九月から南佐久に常駐し、千曲川上流の四つの水力発電所（土村第一、第二、第三、箕輪発電所）の建設を推進して完成させた。そのあと大正十年に、東信電気では高瀬川の電力開発に触手を延ばし明治水力電気を吸収合併した。かつて明治水力電気が着手していた大出発電所（のちの高瀬川第一発電所）などの建設計画を継承した。高瀬川水系の電力開発が東信電気の建設部長・森矗昶によって推進される時期を迎えるのであった。このことは末尾の「信州・佐久から大町へ」の項目において詳述するので、参照していただきたい。

地元の大町市の地域史研究誌『仁科路』第一〇五号〜一〇六号（平成十六年八月発行）には、伊東昇の研究「明治水力電気（藤田組）の高瀬川進出」が報告されている。そこには地元で発見された「墨書銘のある篩（ふるい）」や古文書などの史料が掲載されている。その篩には「明治水力電気株式会社大出工区事務所　大正十年四月六日」の墨書とともに焼印「明治水電尾入澤」が残されいる。

たまたま平成十六年（二〇〇四）八月二十九日（日）、大町市の東京電力・テプコ館において、「水力発電シンポジウム」が開催された。午前中は高瀬川水系の発電所を見学し、午後のシンポジウムではパネルディスカッションの司会・コーディネーターを私が依頼され、はるばる千葉県から参加した。当日、その篩の現物をみる機会に恵まれた。篩に残る記録の大出工区は現在の高瀬川第一発電所のことであり、尾入澤は高瀬川第二発電所の付近のことである。東信電気に六月に吸収合併される二カ月前、篩に墨書と焼印を残して記念品にしたのであろうか。今となっては、明治水力電気の存在を証明する産業記念物であり、大正十年の貴重な近代化遺産に繋がる遺品に違いない。

これを私の技術史・産業考古学的に考察してみたい。記念品の篩の存在から、明治水力電気が高瀬川第一発電所の工事、水路・水槽・導水管などに着工しており、六月の吸収合併後も工事関係者は作業を継続していたと考えてよい。それは手元にある『味の素株式会社　社史　1』（昭和四十六年六月発行、味の素株式会社）や『昭和電工五十年史』（昭和五十二年四月発行、昭和電工株式会社）などの既刊書籍からも窺われる。

翌年、大正十一年十一月三十日に高瀬川第一発電所（出力三千kW）が完成した。そこに設置された水車は一九二一年のスイス製エッシャー・ウィス（ESCHER WYSS）であり、発電機はアメリカ製のウエスティングハウス（Westinghouse Electric and Manufacturing Co.）であった。その水車は現在、高瀬川第一発電所に隣接した東京電力・高瀬川総合制御所、テプコ館の前庭に、また発電機は大町エネルギー博物館に展示保存されている。

東京電力・高瀬川第一発電所

それは、当時の明治水力電気の関係者が据え付け工事などを継続して稼働させたものであろう。記録に残る合併覚書（合併前の大正十年二月二十一日付）には「東信電気（甲）ト明治水力電気（乙）ハ、合併成立ノ上ハ下記ノ各項履行ヲ約ス　一、明電現在ノ現場従業員ハ、東信ニ於テ其儘継続雇用スルモノトス　二、明電取締役南澤宇忠治氏ハ甲ノ委嘱ヲ受ケ高瀬川工事ヲ監督スルコトトシ、甲ハ之ヲ重役待遇トシ、追テ取締役ニ選任スルモノトス　三、甲ハ乙ノ重役及使用人ニ対シ、解散手当トシテ三万円ヲ交付ス（以下省略）」とあるから、合併後の大正十年六月以降も南澤宇忠治が工事監督を継続していたことが窺われる。

そこに登場する南澤宇忠治について、長野県出身の数少ない電気技術者として記録しておきたい。南澤宇忠治は明治七年（一八七四）に更級郡石川村（現、長野市）の旧家に生まれ、長野県尋常中学校（現、長野高校の前身）から旧制・第一高等学校を経て、東京帝国大学工科大学を明治三十四年（一九〇一）に卒業した。電気工学士で大倉組に就職後、独立して東京において八重洲商会を創業した。電気機器の販売や電気工事の請負の仕事で成功した。前述の藤田組に協力して明治水力電気を創設して重役となった。大正六年（一九一七）に衆議院議員となって活躍した。昭和七年（一九三二）に五十八歳の生涯を閉じた人物である。ここに高瀬川第一発電所の建設に関係しながら忘れられた人、南澤宇忠治の名前を紹介した次第である。

藤森龍麿と森矗昶との出会い

高瀬川第一発電所は大正十二年の年頭には稼働していた。その年の夏から、東信電気の森矗昶は大町に常駐し、入山旅館の世話になった。すでに同じ旅館の離れの部屋に泊まっていた日本軽銀製造・信州工場長の藤森龍麿と言葉を交わすようになった。藤森龍麿は掘っ建て小屋のような工場で第二回目のアルミニウム精錬実験を行っていた。この大正十三年に四十歳の森矗昶は、三十四歳の藤森龍麿から多くのことを学んだ。

前述したように藤森龍麿は大阪高等工業学校で電気工学を学んで岡山県の電灯会社に就職した。そのあと、再び母校の選科で電気化学を勉強し、時代の先端の研究・アルミニウム精錬の実験を経験してきた人物であった。すでに大町にアルミニウム試作のための専門工場を造って奮闘していた。大町が日本のアルミニウム工業の発祥の地となる遠因は、このときに芽生えていた。そして、のちの昭和八年に再び二人は大町で出会い、翌年、国産アルミニウム精錬の成功の花を咲かせた。大町での大正時代の最初の出会いは偶然かも知れないが、昭和時代の再会では森矗昶が藤森龍麿の技術力に大きな期待を寄せた仕事であった。翌年、「アルミニウム発祥の地」が実現した。それには歴史の流れと時代性と高瀬川の電気エネルギーとが深くかかわっていた。

　話を戻して、前述したアルミニウム電解のための政府・国勢院の研究補助金九万円を得た背景には、国勢院総裁が小川平吉であり、南澤宇忠治が衆議院議員という長野県の中央政界における人脈が関係していたのではないか。ちなみに安曇電気の社長をつとめた横澤本衛も衆議院議員をつとめ、そのあとの衆議院議員に南澤宇忠治が繋がるようである。かつて横澤本衛は電気炉製鋼の発明家・土橋長兵衛に関係ある人物であった。信州の安曇平は日本を代表する最先端の電気化学工業の先進地として中央から認められていたのであろう。

藤森龍麿（たつまろ）（左）と森矗昶（のぶてる）（右）大町の入山旅館での出会い（大正13年・1924年ごろ）『昭和電工アルミニウム50年史』から

　大町における藤森龍麿のアルミニウム精錬は次第に純度の高いものが造れるようになった。それは電極の優れたものが日本でも造れるようになったからである。電極開発のために国勢院から大正十二年、十三年と一万九千円の研究助成を受けた日本カーボン電極株式会社が良い電極を造ることに成功した。その電極が大町の日本軽銀製造・信州工場の藤森龍麿に提供され、アルミニウムの純度が九九・〇四％を到達した。電極の消耗率が少なく、消費電力も改善された。

　そのアルミニウムを大阪の加工業者に送って鍋や釜に加工して貰った。日本でも次第にフランスやアメリカに追いついてきた。当時は関東大震災の被害と不況の時期であり、アルミニウムの加工の本場は大阪であった。業者はアルミニウムを輸入して製品に加工していた。大町でのアルミニウムは九九％程度の二級品の段階であったが、国勢院の四年間の補助金を受けて一応の成功を収めた。研究補助の期限が満了したので、藤森龍麿は実験を打ち切り日本軽銀製造は工場を閉鎖することになった。

森矗昶は電気の専門家・藤森龍麿の仕事に注目していたように思われる。高瀬川第一発電所の完成後に大町にきたので、様々なことを教えて貰ったに違いない。藤森龍麿の工場で余り使っていなかった変圧器（一万一千ボルトと三千三百ボルト）を拝借し、その代わりに藤森龍麿の工場に高瀬川第一発電所の余剰電力を無償で供給した。高瀬川上流の発電所開発工事に必要な電力を、その変圧器を利用して高圧送電して役立てた。高瀬川第二から第五発電所まで短期間に工事を進行させた。そこには、森矗昶の千曲川上流の発電所建設の体験のほかに、入山旅館の同宿の人・藤森龍麿との出会いと親交が大きく影響したと思われる。

高瀬川第二から第五発電所

大正十二年から十三年にかけて高瀬川第二、第三、第四、第五発電所の建設に着工した。尾入沢の第二発電所（出力二千四百kW）と笹平の第三発電所（出力二万三千四百kW）とは大正十三年七月二十一日に完成した。東沢の東の第四発電所（出力二千四百kW）は大正十三年十一月二十八日に、東沢の北の第五発電所（出力六千三百kW）は大正十四年一月七日に完成した。これらの合計出力三万四千五百kWに第一発電所（三千kW）を加えれば総出力三万七千五百kWであった。今日では高瀬川に幾つかのダムが存在するが、当時はダム式発電所ではなく、五つの発電所はすべて水路式であった。今も高瀬川第一発電所に至る水路を見れば、当時を偲ぶことができる。

東信電気の建設部長・森矗昶が大町にきた大正十二年の夏から数えて一年半の短期間の開発であった。今日のようにパワーシャベルやブルトーザーやクレーン車などの土木建設機械のない時代の話である。何千人かの人夫が、高瀬川の渓谷に鍬やツルハシで導水路を開削した。資材運搬用の道路建設にモッコを担ぎ、トンネル工事に削岩機や鏨（たがね）で挑んだ多くの人々がいた筈である。

工事に関係して、資材運搬用の専用道路や電車鉄道軌道が敷設された。信濃大町駅から平村（現、大町市）笹平まで、約十二キロメートルの距離である。信濃大町駅から本通りを北へ進み、大黒町で左折して西へ行くコースであった。鹿島川を渡る電車専用の橋を架け、大出地区から北葛川を渡る鉄橋を架けた笹平間であった。笹平からの上流部分では、七倉までは馬力、さらに上流は牛力という珍しい電車・馬・牛・混合軌道が工夫された。しかし冬期間や不通のときには、人力に支えられての工事であった。

大町の近郷近在から発電所建設工事に参加した人々も多く、日銭を稼ぐ労務者によって町は賑わった。これを「東信景気」といわれる程であった。

森矗昶（のぶてる）（東信電気時代）

『北安曇郡誌』によれば、「大正十二年春に第四、第五発電所の着工もきまり、三千人の人夫とその関係者合わせて五千人近くが高瀬渓谷に入り込み、高瀬川水系の発電所工事の最盛期を迎えたのである。この工事によって大町の商店街、料芸関係者等は高収入をもたらされた。大町近在の人々は労務を提供した。男は現場の人夫として、天秤棒ともっこなどで土砂を運び、女子は間知石を運ぶことが主な仕事であった。当時、男子の日給は五十銭であったが、農事その他の繁忙期には七十五銭に値上げされた。商店や料亭の新築も相次、芸妓もたちまち百四十人に増え、一時は『東信景気』の語さえ生まれた。」と記している。

他の部分も序でに読んでみたが、今日の大町市の発展の基盤を形成した高瀬川電力開発の草創期について、地元の地域史誌が肝心なことを記録に残して来なかった。どの地方でも技術文化史の研究に弱点があるのかも知れない。

その後の高瀬川は昭和二十年（一九四五）の台風により、第四発電所は土石流のため埋没した。第五発電所は取水口の破壊などの被害を受けた。昭和二十二年ごろから高瀬川の電源再開発の構想が打ち出された。第二、第三、第四発電所を廃止して、その位置に新式ダム（ロックフィールダム）の高瀬ダムと七倉ダムの二つをつくる新機軸の親子ダムの発電所構想であった。電力会社の再編制後の東京電力によって推進された。昭和四十三年（一九六八）四月から工事を開始し、昭和五十六年五月に完成した。総工費一千三百十億円、延べ稼働人員三百四十二万五千人といわれ、約十三年半の歳月がかかった。

ロックフィール式の高瀬ダムの高さは百七十六メートル、七倉ダムの高さは百二十五メートルである。昼間に高瀬ダムの地下発電所・新高瀬川発電所の発電機四台（一台あたり三十二万kW）最大出力百二十八万kWで発電し、夜間の余剰電力を利用して七倉ダムから水を汲み上げる揚水式ダムの発電所である。七倉ダムは高瀬ダムの貯水池であると同時に、下流の発電所や農業用水などの調整の役割も兼ねている。その調整された水は中の沢発電所において最大出力四万二千kWを発電することができる。

また大町ダムは東京電力の高瀬川電源再開発に関連して、建設省・国土交通省によって計画され、昭和五十二年六月から工事を開始して五十八年（一九八三）十月に完成した。洪水調節や水道用水や発電を兼ねた多目的コンクリート式ダムである。ダムの直下に出力一万三千kWの発電所があり、東京電力によって発電・管理されている。

以上のように時代の流れとともに、高瀬川の電力再開発が行われ、大正時代の歴史的発電所は高瀬川第一発電所（大正十一年・一九二二年）と第五発電所（大正十四年・一九二五年）の二つが残されている。第一発電所では明治水力電気の南澤宇忠治の姿が史料から窺われ、第五発電所には東信電気の森矗昶の足跡と業績を偲ぶ近代化遺産となっている。ちなみに第一発電所にはスイス製の水車とアメリカ製の発電機が据え付けられたが、第五発電所には日本の日立製作所の発電機が据え付けられた。そこに国産品を大切にする森矗昶の志と姿勢が窺われる。すでに八十年以上の歳月を経ているので、地元の大町市では当時の歴史史料の保存に目を向けて頂きたい。それは過去を照らし、現在を見つめて、未来を夢見ることに必ず役立つからである。

大正から昭和へ

高瀬川の発電所開発と同時に、東信電気では千曲川下流に大正十三年十一月に穂積発電所、大正十四年六月に海瀬発電所の建設を開始していた。七月に穂積発電所（出力六千五百kW）、十一月に海瀬発電所（出力三千八百kW）を完成した。

森矗昶は大正十二年の夏以来、高瀬川の五つの発電所と千曲川の二つの発電所の建設に建設部長として活躍した。その間、大正十二年九月一日の関東大震災には東信電気の本社（東京市京橋区南伝馬町）が焼失した。東信電気は大正六年八月に資本金三百万円で設立した会社であり、味の素系統の電気化学工業会社を設立の目的にしていた。第一次世界大戦のころ、塩素酸カリや沃度（ヨード）製造のために自家用の発電所が必要であった。社長・鈴木三郎助、取締役は花岡次郎、川崎友之介、青木大三郎、鈴木忠治などの陣容であった。この名前の鈴木三郎助と鈴木忠治とは兄弟であり鈴木商店・味の素の関係である。花岡次郎は長野電灯株式会社に関係のあった人物である。

しかし、第一次世界大戦後の経済不況のなかで、東信電気は次第に味の素系統から独立した体質に変化していった。それは森矗昶の経営手腕と実績によるものであろう。大正十四年十月に営業目的を全面的に変更した。専業の電力会社として再出発し、電気化学部門を整理することになった。かつて森矗昶が関係した故郷の房総半島の清海・館山工場や佐久の小海工場（千曲川上流の発電所開発の条件に地元へ協力、塩素酸カリや電解鉄工場）と沈降炭酸石灰製造の木崎工場（大正十二年に木崎湖畔に創業）とを鈴木三郎助は森矗昶の経営する森興業（大正十一年に設立）に譲渡する道を選んだ。それは森矗昶の総房水産株式会社を鈴木三郎助が吸収合併して、水産部長から建設部長に転職させた恩返しかも知れない。

海藻（かじめ）から沃度を製造していた総房水産株式会社を失ってから、六年ぶりに清海・館山工場などの経営者となった。大正十五年十月五日に日本沃度株式会社が誕生した。この日こそ、のちの昭和電工株式会社の創立日とされている。大正十五年十二月二十五日に大正天皇は四十八歳で崩御されたから、昭和元年は六日間であり、昭和二年（一九二七）を迎えた。その翌年、昭和三年十月二十二日には昭和肥料株式会社が発足した。取締役会長・若尾璋八、取締役社長・鈴木三郎助、専務取締役・森矗昶、取締役・高橋保などであった。

いわゆる電気化学工業、電気を原料として石灰窒素や硫安をつくる企業の創設である。その経緯を『森矗昶所論集』（昭和五十九年十月発行、昭和電工株式会社）の中に森暁（長男・日本冶金工業社長）が「父を語る――森矗昶の人とその事業」として書いている。

それによれば、東京電灯社長の若尾璋八が東信電気の専務・森矗昶と常務・高橋保を前において「森君などがあんまり電力を開発したものだから、日本は電気が過剰になってどうすることも出来ない。電力会社が猛烈な販売合戦に憂き身をやつしているのも一つはそのためだ。電気のあまった奴ばかりは君どうすることもできない。輸出するわけにもいかんし、肥料にすることもできない。ダムから水を流すばかりだ。君たちは一つ罪亡ぼしに大いに電気を利用する事業を起こすことを考えたらどうだ。」と記されている。これを契機に、「電気の原料化」工業の技術開発に独自の道を開拓したのである。

東信電気では、高瀬川の五つの発電所と千曲川下流の二つの発電所の建設のあと、千曲川の小諸発電所、島河原発電所（総出力二万八千kW）と新潟県阿賀野川水系に鹿瀬発電所（出力四万五百kW）、豊実発電所（出力四万四千八百kW）を建設した。鹿瀬発電所は昭和二年五月に岩越電力株式会社が着工していたが、東信電気が岩越電力を合併して昭和三年十一月に完成した。

当時、東信電気の阿賀野川の発電所は、東電の猪苗代発電所と大同の大井川発電所とともに日本の四大発電所のうちの二つに数えられていた。この電力を有効利用して昭和肥料・鹿瀬工場の建設が計画されていった。鹿瀬工場は新潟県の米どころの地元に建設し、農業生産拡大のため石灰窒素などの製造販売に力を入れた。また昭和肥料・川崎工場では輸出を考慮して硫安の製造を分担した。

さらに、次の時代の要請もあって、昭和七年に日本沃度株式会社（昭和八年に日本電気工業と改称）の塩尻工場、昭和八年（一九三三）に昭和アルミニウム工業所が長野県大町へ進出したのである。このことは項目を改めて後述する。昭和十四年に昭和肥料と日本電気工業が合併して昭和電工の発足となり、初代社長・森矗昶、相談役・鈴木忠治の陣容に繋がる前史である。

大町エネルギー博物館の回転変流機

昭和肥料と森矗昶とに関係の深い回転変流機が、地元の大町エネルギー博物館に貴重な近代化遺産として保存されている。そのことに私は関係したので記しておきたい。それは昭和六十二年に大町市の隣町にあった長野県池田工業高校長に赴任した年の出来事であった。当時、そのことを『信濃毎日新聞』の夕刊「ぶんか欄」に昭和六十二年十一月三十日から十二月二日まで連載した。ここに少し加筆して、今後の産業遺産の保存のあり方の参考に記述してみたい。

昭和六十二年（一九八七）六月上旬、大町エネルギー博物館館長・村井直人がわざわざ私の勤務していた池田工業高校の校長室に訪ねてきた。その用件は「昭和初期から長い間、昭和電工大町工場で使用されていた回転変流機が、その後、川崎工場に移され近くスクラップにされるが、保存の意味があるかどうか伺いたい」とのことであった。私は即座に「それは是非保存していただきたい」と具体的に次のような見解を述べた。

日本の産業技術史を知る上で昭和初期における国産技術が自立していく時代の製品として貴重である。昭和五十七年アルミニウム精錬の火を消した昭和電工の歴史を象徴するに相応しいものであり、当時の電気化学工業を推進した回転変流機を記念物として、大町エネルギー博物館に保存することは、日本の電力事業との関連から最適であるなどの意見を述べた。さらに重量五十三トン、一万アンペアの回転変流機は今日の科学技術によるシリコン整流器と対比して展示すれば、技術革新の推移を知る上で参考になると付言しておいた。

このような話をしたのは六月十日のことであった。その後、昭和電工や大町市などの関係者の努力により大町エネルギー博物館の屋外の一角に据えつけられることになった。わずか三カ月ほどの間に、昭和電工は川崎工場から大町市まで輸送費用を負担、大町市は市議会において工事費用を予算化するなど保存問題は一挙に実現した。その昭和五年（一九三〇）日立製作所製の回転変流機は、すぐ近くに並べて保存されている大正五年（一九一六）日立製作所製の水車と発電機（東京電力・日光所野第一発電所で使用されたもの）とともに、日立製作所の草創期の歴史の一齣と初代社長・小平浪平（おだいらなみへい）や友人の渋沢元治（しぶさわもとじ）を偲ぶことができるように思われる。また昭和電工初代社長・森矗昶をはじめとする日本の電気化学工業発展への出発点を彩る産業遺産の保存であり、日本の産業技術史研究にとって貴重なものである。

さて、回転変流機（Rotary Converter）とは交流を直流に変換する装置のことである。日本における国産第一号は明治三十三年（一九〇〇）に渋沢元治（東京帝国大学三年在学中）が石川島造船所電気部へ実習に行ったときに部長の岡本高介に命じられて設計したものが最初といってよい。このことについて、工学博士渋沢元治著『電界随想――本邦電気事業の生い立ち』（昭和三十八年十月二十五日発行、コロナ社）に詳しく書かれている。

参考までにそれを引用すれば「……岡本高介氏は大胆な方で、余に高等工業学校（現、東京工業大学）から誂えられた学生実験用の三kWの回転変流機と長野県飯田電灯株式会社からの一〇〇kW三相交流発電機を設計させた。回転変流機はその前年、小田原電気鉄道会社（今はない）に初めて一〇〇kWのもの一台輸入せられ、余が実習生として運転した経験があったからであった。初めてのことで、かなり面くらったが、（中略）参考書（設計書はなく、普通の電気工学書）でとに角年中に作り上げて、試運転にも合格して納入し、その後長く実用に供することが出来た。……」と記録されている。

このようにして国産第一号の回転変流機は三kWの学生実験用とはいいながら誕生したのであった。その後、二十年以上も使用されていたが、大正十二年の関東大震災のときに焼失し、残念ながらそれは保存されなかったので、その写真をここに記録しておきたい。

昭和六十二年の夏に、大町エネルギー博物館に保存された回転変流機は日立製作所が昭和六年に昭和電工の前身、昭和肥料株式会社に納入し、昭和六十年まで稼働していたものである。昭和電工の好意により総重量五十三トンの回転変流機は分解して川崎工場から大町市まで輸送された。さらに分解組立の際に不良部品は補充交換され、必要な場合には運転可能な状態にまで整備された。これらの一切の経費は昭和電工が負担したと聞いている。産業技術史と産

国産第一号の回転変流機

大町エネルギー博物館に保存された回転変流機

業考古学にかかわる一人として感謝の意を表する次第である。

この回転変流機について、手元の文献から二、三の考察をしておきたい。まず『日立製作所史』によれば「昭和肥料会社納、六〇〇〇kW回転変流機一〇台」とあり、「容量六〇〇〇kW、電流一〇〇〇〇A、電圧五二五～六〇〇V（可変）、回転数二五〇RPM、定格連続使用という仕様で、当時世界でも有数のものであった。一時間の負荷容量は六〇〇V、一二〇〇〇Aであるから、一時間の容量で七二〇〇kWといい得る。一〇〇〇〇Aでしかも電気化学用としては世界に類例のない高電圧六〇〇V。これを全く無火花整流にしなければならぬから、整流には本社独特の工夫をこらした」と記されている。

また『昭和電工五十年史』によれば、「四年六月から日立製作所を皮切りに国内機械メーカーとの商談を開始し、同年一一月には一二五〇馬力三〇〇気圧混合ガス圧縮機および循環各三台を神戸製鋼所に、一二月には当時わが国最大の六〇〇〇キロワット回転変流機の九台（のち一台追加）および電解槽一式二五〇〇槽を日立製作所に発注したのをはじめ……」と記録されている。

以上の社史の内容から推定して昭和四年十二月、日立製作所に発注され、昭和六年に昭和肥料へ納入されたのであった。さらに私の手元にある設計図のコピーには図面番号第八参号、回転変流機外観寸法図、昭和五年九月三十日、調査谷内、製図柴山、容量六〇〇〇kW、電圧六〇〇～五二五V、周波数五〇～、廻転数二五〇ＲＰＭ、相数六、型Ａ2、式ＴＩＳ、重量五三〇〇〇kg（約）と書かれている。このとき製造された十台のうち一台、製作番号三二三六四二が保存されることになった。

自立技術の国産化へ

欧米先進国から学んだ技術が独自の技術開発に発展し自立するには、何年かの歳月がかかり優れた人脈の交流に支えられている。大町の昭和アルミニウム工業所（のちの昭和電工）のアルミニウム精錬の成功には藤森龍麿と森矗昶との出会いがあったが、そのことは項目を改めて後述する。ここでは前項の回転変流機の続編として、渋沢元治と小平浪平の親交と日立製作所について、少し触れておきたい。

回転変流機の国産第一号が渋沢元治によって設計されたことは前述した。渋沢栄一を伯父にもつ渋沢元治（母親が栄一の妹にあたる）は明治三十五年五月から海外留学としてドイツのシーメンス工場やアメリカのＧＥ工場で約一年間ずつ実習を行い、スイスのチューリッヒ工科大学に学んだ。特にスイスの水力発電事業をつぶさに視察し、日本でも水力発電を開発利用することを痛感して明治三十九年二月に帰国した。東京帝国大学の恩師・浅野応輔の勧めもあって逓信省電気試験所に入所して日本の電気事業の促進に当たったのである。

その年の夏、明治三十九年七月中旬、山梨県に出張の際に東京帝国大学の同級生であった小平浪平（当時、東京電

小平浪平（おだいらなみへい）（左）と渋沢元治（もとじ）（右）
猿橋の大黒屋旅館（伝記『渋澤元治』から）

灯の送電課長として山梨県の駒橋発電所を建設中であった。のちに日立製作所初代社長）と偶然に車中で会った。その夜、山梨県大月の大黒屋旅館に一泊して、電気機械の国産化の必要性について対談した話は有名である。

それは『日立製作所社史』（昭和二十三年発行）の「はしがき」に渋沢元治が自ら筆を執っている。その一部をここに引用すれば次の通りである。

「明治三十九年七月十五日のことであった。余は山梨県の甲府附近にある水力発電所を検査することを命ぜられて飯田橋（当時はここから発車した）から甲府行の汽車に乗った。車中偶然小平浪平君にあった。同君は明治三十三年（一九〇〇）余と共に東京大学電気工学科を出た同窓である。久し振りの会見で車中時の移るを知らなかったが、同君は『君に折入って話したいことがあるから、今夜猿橋で一緒に泊ってはどうか。明日一番の汽車でたてば君の公用にも差支えはおこるまい』との勧めで同地の大黒屋（現存）に一泊することにした。この日は朝来豪雨であったが、夜に入って小止みとなり、庭の木の葉から落ちる雨滴の音と桂川の俄か増水のための水音を除いては山間の小さな宿屋の一室のことであるから極めて静かで親交同志の久しぶりの会談には絶好の機会であった。……」と記している。

そのときの話の内容を要約すれば、小平浪平は東京電灯に勤めており、山中湖から流れ出る桂川の水力を利用して山梨県猿橋の近くの駒橋発電所を建設中であった。五万五千ボルト（当時の最高電圧）で東京へ送電する工事の責任者・送電課長を務めていた。その職をやめて日立鉱山（久原房之助経営）へ転職しようという希望をもっていた。これに対して渋沢元治の考えは日本の水力発電や電気普及は急務であり、高電圧、遠距離送電を担当している小平浪平の仕事は絶好の地位にあるので、それをやめて鉱山電力のような仕事に移ることは渋沢元治には賛成できないというのであった。

渋沢元治は「鉱山業に従事しては主な仕事が鉱山であるから電気機械製作に専念することは難しくはないか。結局鉱山の仕事の手伝いをさせられるという位なものではなかろうか。」と心配したのであった。日立製作所の前身にあたる日立鉱山の電機修理工場には当初わずか五人ほどの工員が働いていた。これが今日の日立製作所の出発点であり、日立製作所の創業者・小平浪平をめぐる話である。

日本の自主技術開発の推進者、小平浪平については、例えば飯田賢一著『技術思想の先駆者たち』（昭和五十二年発行、東洋経済新報社）の中において簡明に記述され、優れた示唆と洞察をされている。

いずれにしても渋沢元治（のちに名古屋大学初代総長、日本学士院会員もつとめた）と小平浪平の協力関係や友情に支えられて日立製作所は発展した。大町エネルギー博物館に保存された回転変流機の完成は、さまざまな人間関係の中で、日立精神といわれる自主技術開発によって国産化に成功したのである。

昭和肥料と森矗昶

保存された回転変流機を日立製作所に注文した会社、昭和肥料株式会社（昭和電工の前身）について触れておきたい。

昭和三年（一九二八）九月二十九日に東京電灯株式会社の本社において発起人総会が開かれ、創立総会は十月二十二日に東京電灯本社で開催された。この昭和肥料という会社は東信電気と東京電灯との間の共同出資会社であった。

資本金一千万円、役員は取締役会長・若尾璋八、取締役社長・鈴木三郎助、専務取締役・森矗昶、取締役・高橋保などの陣容で出発した。事業運営の事実上の責任者は森矗昶であった。当初の計画では、余剰電力を活用して効率的な工場設備によって、市販より一トン当たり十五円安い九十円の肥料を販売する意気込みであった。このことに関連して、「大正から昭和へ」の項に少し触れてきたので参照していただきたい。

しかし、その頃は昭和初期の世界恐慌の時期であった。農村は疲弊し、肥料業界には深刻な諸問題が存在していた。このときに既存の肥料業界へ新規に参入した昭和肥料が日立製作所に大型の回転変流機をなぜ十台も発注したのか。このような疑問が私の頭をかけめぐった。

農村が不況にあえぎ大正から昭和初期にかけて輸入品の硫安肥料がダンピングされ、国内の肥料メーカーが苦境に立っている時期である。当時の国内総消費量五十万トンに対して、硫安年産十五万トンの川崎工場をつくった背景には何があったのだろうか。

この疑問について『昭和電工五十年史』を精査してみると、「森・千石上野駅頭の盟約」の見出しの記事がある。それを引用すれば、「昭和四年（一九二九）秋の、とある土曜日の夜であった。森矗昶は全国販売組合連合会の専務理事千石興太郎に上野駅でぱったり会った。森は毎週の恒例で、夜行列車で鹿瀬工場に出かけるところであり、千石は東北産業組合大会に出席するところであった。昭和肥料の製品の販路開拓に苦心を重ねていた森は、このとき『石灰窒素をつくるから販売のほうをたのむ』といったのに対し、千石は言下に『よしやろう』といった立話をした。この立話が昭和肥料と全購連との取引開始の端緒となったのである。」と記されている。

農協の前身にあたる全購連（全国購買組合連合会）は大正十二年四月に設立されたばかりであり、零細農民の購買力を結集した連合組織として、運営面からも肥料問屋の既存の販売網に対抗することができなかった。肥料供給の合理化をねらう森矗昶と全購連の千石興太郎との上野駅頭での対談を出発点として、昭和五年（一九三〇）七月に最初の石灰窒素五千トンの売買契約が結ばれた。このように全購連との売買契約と提携が硫安の販売にも受け継がれたとみて間違いない。

森矗昶自身の語るところ（昭和八年六月二十一日、東京銀行倶楽部における講演）によれば、「私どもの主張である『生産者より直接消費者へ』の標語が窮乏せる農民の支持を得まして、これがために産業組合組織の発達を促し、各府県ならびに全国を統一せる全購連は官民の熱烈なる後援のもとにその事業は加速度的発展をみるに至りました。……」と述べている。

そのような時代に対応して余剰電力を利用した肥料の増産、農村振興、購買方法の新機軸など多くの要素を背景に、森矗昶の先見性が大型設備投資の回転変流機十台を日立製作所に発注することを決断させたのであった。

このように大町エネルギー博物館に保存された回転変流機について、その背景にある技術史的諸問題や人間関係の偶然的な出会いなどに触れながら記述してみた。「企業は人なり」といわれるが、優れた人脈が技術開発を支えていた。そして、この回転変流機の保存にあたっても時・所・条件とともに、また人脈に支えられた。わずか三カ月間で急速に実現し、据え付けられた経緯には昭和電工株式会社、大町市長はじめ市議会各位、大町エネルギー博物館関係者の並々ならぬ尽力があったことを特に記録しておきたい。なお冬期の積雪期には、回転変流機の本体にシートカバーをかけて保護している。

前述したように約三十年前の昭和六十二年（一九八七）、この保存問題に私は少し関係したので、産業遺産・回転変流機の技術史的評価を『信濃毎日新聞』の夕刊「ぶんか欄」に連載・執筆した。今回それに加筆したが、今日の安曇野の近代化遺産として貴重な価値があり、あえて多くの紙幅にわたった次第である。

大町で国産初のアルミニウム

日本でアルミニウムの国産化に最初に成功したのは大町の昭和アルミニウム工業所であった。『昭和電工アルミニウム五十年史』（昭和五十九年十月二十一日発行、昭和電工株式会社）によれば、工場日報に次のように記されている。「一月十二日曇　金曜日　一・電解作業順調　約五kg、製品ヲ出ス。一・福島銑三製品見本持参上京ス。」とある。日本で長い間、待望されてきた国産アルミニウム第一号製品となったのである。日報に記載されている福島銑三が製品を持参して上京した。それを上野駅頭で森矗昶が受け取り、すぐに福島県の広田工場へ急いだ。たまたま東久邇宮殿下が広田工場を視察した時であり、国産第一号アルミニウム製品をお目にかけ、東久邇宮殿下は大変満足された様子が記録されている。森矗昶の喜びは筆舌に尽くせないものがあったと思われる。

ちなみに、この広田工場は、もと福島県の東部電気・会津工場を昭和七年から森矗昶が経営する日本沃度株式会社の工場としたものである。日本沃度を日本電気工業株式会社と改称した昭和八年三月以後のことだから、日本電気工業・広田工場であろう。昭和十四年六月に昭和肥料と日本電気工業が合併して昭和電工・広田工場となった。さらに昭和三十二年一月に昭和電工・東長原工場と改称して今日に至っている。この東長原工場では最近まで電解鉄（アトミロン）を製造していた。それは、かつて松本島内で中房川の宮城発電所の電力によって、明治四十二年（一九〇九）に土橋長兵衛が亀長電気工場（のちに土橋電気製鋼所、日本電気工業、昭和電工松本工場と変遷）で電気炉製鋼法の発明があり、電解鉄の製造技術を昭和電工・東長原工場が継承し、電解鉄の一流品を製造していた。平成十二年（二〇〇〇）に電解鉄の製造技術が東邦亜鉛株式会社へ譲渡され、継続されている。純度の高い電解鉄・純鉄に微量の他の元素を加えて、研究用のベースメタルや磁性材料など様々な開発に繋がっている。高い純度の電解鉄の用途は

IT関連機器の素材として世界的に役だっている。

さて、このように安曇電気の中房川・宮城発電所（現、中部電力・宮城第一発電所）の電力に支えられた電解鉄の発明・安曇野の技術文化は、長い間に福島県の東長原工場に転移され、次第に発展していった。それは昭和電工の一筋の歴史の延長線上にあった。それと同じことが、アルミニウムの技術史にも生きている。そこで、アルミニウムについて、国の内外の情報を少し概観しておきたい。

アルミニウムを最初に発見したのは一八〇七年（文化四年）にイギリス人ハンフリー・デビーといわれる。また一八二一年（文政四年）、フランスの化学者、ヘルサーがアルミニウムの原鉱石を発見した。その村の地名からボーキサイトと呼ぶようになった。その後、多くの人が研究し、フランスのドヴィルが一八五〇年（嘉永三年）、ナポレオン三世にアルミニウム・メダルを献上した。五年後の一八五五年（安政二年）、パリ博覧会にアルミニウム丸棒を「粘土からできた銀」として出品された。一八六七年（慶応三年）のパリ万国博覧会に出席した徳川昭武や渋沢栄一や佐野常民などもアルミニウムを会場で見たのかも知れない。この「粘土からできた軽い銀」を、のちの大正時代に「軽銀」と呼んだ「日本軽銀製造株式会社」の出現に繋がるのであろう。

欧米の発電機の発明により、アメリカのホールやフランスのエルーがアルミナを溶融氷晶石に溶解して電気分解する方法、電解アルミニウム精錬法を一八八六年（明治十九年）に発明した。それはホール・エール法と呼ばれ、世界のアルミニウム精錬法の基礎となった。その二年後、一八八八年（明治二十一年）にオーストリアのバイヤーが湿式によるアルミナの抽出法を発明してドイツの特許を取得した。それがバイヤー法と呼ばれるアルミナ製造法であり、先のアルミニウム精錬法とともに、その後の一世紀を通じて世界的に普及した。

日本へ貴金属扱いのアルミニウムが入ってきたのは明治二十年頃といわれ、明治二十七年の日清戦争の頃から軍隊用ベルトの尾錠や飯盒・水筒に利用され、家庭用品にも応用された。この段階では、日本にはアルミニウムを精錬する技術は無く、アルミニウム地金を輸入して使っていた。

日本におけるアルミニウム精錬の研究は前述のホール・エルー法の発明から、三十年後の大正五年（一九一六）から始まった。すでに「藤森龍麿と森矗昶の出会い」の項で書いてきた藤森龍麿が大町の日本軽銀製造・信州工場で奮闘していた。政府の研究補助金を得て研究を再開していた時期に、偶然に高瀬川電力開発の仕事で森矗昶は大町にやってきた。同宿の入山旅館で二人は親交を深めた。その頃、森矗昶はアルミニウム精錬の製造現場を見聞して深く脳裏に焼き付いていたのであろうか。その段階では東信電気の高瀬川発電所の建設に森矗昶は命懸けで仕事をしていた。その後、アンモニア製造や硫安など肥料の製造販売の昭和肥料の工場経営に邁進した。

この時期に一方では、大正十三年五月に森矗昶は衆議院議員に千葉県から当選していた。その後の昭和三年と五年との総選挙にも当選し中央政界で活躍するようになった。昭和七年二月の総選挙にも当選したが、それを辞退していた。このとき国産アルミニウム製造が国の重要課題であると決断し、大町に日本沃度の傘下の形で個人経営の昭和アルミニウム工業所をスタートした。同時に横浜には日本アルミナ工業所を創設して、アルミナを大町に供給してアルミニウム精錬を成功させる大構想であろう。

横浜は朝鮮半島の木浦付近の声山（全羅南道海南郡、現、韓国）からアルミナの原料・明礬石を船で輸送するのに便利な立地条件にあった。大町はアルミニウム精錬の電解に必要な電力の町であり、森矗昶にとっては第二の故郷、高瀬川があった。すでに昭和肥料・川崎工場の片隅で実験を重ねた実験結果について、昭和肥料株式会社へのリスクを避ける構想を練り選択したのであろうか。失敗するか成功するか、未知のアルミニウム精錬への挑戦であった。そのために、自ら経営する総房水産の流れを汲む日本沃度株式会社の傘下に独立した工業所、昭和アルミニウム工業所

（のちに大町工場）と日本アルミナ工業所（のちに横浜工場）を誕生させた経営者の気配りは優れている。

アルミニウム精錬に尽力した人びと

大町の昭和アルミニウム工業所ができる数年前から、昭和肥料・川崎工場で何人かの研究者や技術者が国産原料によるアルミナやアルミニウム精錬の実験を試みていた。日本では原料のボーキサイトはなく、明礬石や火山灰土（栃木県の鹿沼土や長野県伊那地方の味噌土）を原料としてアルミナをつくる方法の開発であった。

昭和五年（一九三〇）頃、兵庫県飾磨（かしま）で浅田平蔵が浅田明礬製造所において、朝鮮半島産の明礬石を原料にアルミナと硫酸カリの製造技術を開発していた。森矗昶の昭和肥料では国産技術で硫安の製造に成功していたときであり、明礬石からアルミナと硫酸カリが製造できれば一石二鳥であると考えていた。

当時、理化学研究所では岡沢鶴治が火山灰土や粘土から亜硫酸溶液によってアルミナをつくる方法を研究していた。岡沢鶴治は明治三十年（一八九七）に長野市に生まれた。高等小学校卒業後、刻苦勉励し、理化学研究所において昭和六年（一九三一）に理学博士となった。昭和八年に日本沃度に入社、日本電気工業を経て昭和電工取締役となった。明礬石からアルミナの工業化に成功、のちにボーキサイト原料に転換後は画期的な不焙焼法を発明した。日本のアルミニウム工業史に燦然と輝く業績を残しているが、一般には余り知られていない。昭和四十五年（一九七〇）、横浜市の自宅で七十一歳の生涯を終えた。

その岡沢鶴治を昭和六年十月に昭和肥料の常務・高橋保と技師・米村貞雄とが訪れた。その後、昭和肥料・川崎工場で火山灰土（味噌土）を使って亜硫酸法の実験が行われた。ここに登場する高橋保は長野県出身で京都大学工学部を卒業後、信州の水力発電事業に従事し、大正四年に長野電灯へ入社し大正六年に取締役となった。その後、鈴木三郎助の電力事業に協力し昭和二年に東信電気取締役、昭和三年に昭和肥料の取締役になった。森矗昶とともに事業を推進した人物である。また米村貞雄は山口県岩国町の出身、東京帝国大学応用化学科卒業後、信越窒素肥料から昭和肥料へ昭和三年に移った。川崎工場の硫安課長として国産の硫安開発に貢献した。昭和八年に日本沃度に移りアルミナやアルミニウムの国産化に貢献した。技術面から森矗昶を支えた。のちに昭和電工の取締役、常務、専務などを務めた。

アルミナ・アルミニウム開発の昭和五、六年に、森矗昶にとって政財界の大先輩・山本条太郎（元、満鉄総裁）からの紹介があり、昭和肥料の米村貞雄（のちに昭和電工取締役）と小玉美雄（のちに昭和電工技師長）を浅田平蔵の所に派遣して調査もさせた。昭和七年には昭和肥料・川崎工場内に試験工場を特設して、浅田法によるアルミナ製造とともに、電気技師・岡田泰三（のちに昭和電工取締役）が電解研究・アルミニウム精錬の実験を繰り返した。

浅田平蔵は浅田法による精錬を早く森矗昶が企業化することを強く希望していた。しかし、森矗昶の設備投資が遅れたためか、浅田平蔵は住友化学と契約するようになった。昭和八年一月以来、住友の構想では住友化学と飾磨化学工業（浅田明礬の子会社）とが明礬石からアルミナをつくり、アルミニウム精錬を住友が七五％、浅田が二五％の比率の合併会社として「住友アルミニウム精錬株式会社」の創設をした。

少し余談をすれば、「せいれん」という言葉には「製錬」と「精錬」がある。「製錬」は英語ではSmelting、熔解を意味している。「精錬」はRefining、純化に相当している。それは金属の製造工程の違いを漢字で区別している。「製錬」は原料や鉱石を加熱・還元して熔解または溶解し、目的の金属を得ることである。「精錬」は製錬された金属の中に残っている不純物を処理して純化する工程のことである。例えば、金属精錬法では電気分解を応用した精錬によって、昭和電工では昭和五十九年に電解鉄九九・九九九％という世界一を達成、このような純度の高い（不純物の少ない）純鉄が平成十二年（二〇〇〇）まで昭和電工・東長原工場（かつての広田工場）で生産されていた。純度の高い電解鉄・純鉄に微量な他の元素を加えて、研究用のベースメタルや磁性材料などＩＴ関連の素材として世界的に注目されていた。

このような私の見解からすれば、「アルミニウム精錬」がよいと思っている。貴重な参考文献として、昭和電工株式会社が昭和五十九年十月に発行した『昭和電工アルミニウム五十年史』には「アルミニウム製錬」と記述されているが、私は「アルミニウム精錬」とした次第である。ちなみに昭和九年七月の日本電気工業・大町工場製の純度は九九・〇九％であり、それ以降の純度は次第に向上した。

以上のように、アルミニウム精錬に尽力した人々に触れてきたが、すでに大正末期において、大町の日本軽銀製造・信州工場でアルミニウム精錬を手掛けた最大の功労者・藤森龍麿が再び大町で奮闘する時がやったきた。それは昭和アルミニウム工業所という日本沃度株式会社の経営者・森矗昶との協力の賜物であった。

藤森龍麿をめぐって

藤森龍麿は日本軽銀製造・信州工場を去ったあと、富山の大日本人造肥料の工場に転職した。大日本人造肥料の経営者は石川一郎であり、アルミナの企業化に備えてアルミニウム電解の経験者・藤森龍麿を大日本人造肥料の系列会社・中越電気工業の常務の椅子に据えていた。大町を去って数年後、昭和七年のことであった。

一方、高瀬川の電力開発を終えた森矗昶は藤森龍麿と別れて大町を去っていった。その後、衆議院議員や昭和肥料の経営に多忙であった。昭和七年二月の衆議院議員の選挙にも当選したが辞退して、アルミニウムの仕事の準備に奔走していた。

森矗昶が経営する日本沃度会社の広田工場（のちに昭和電工・東長原工場）では塩素酸カリの製造を開始し、苛性ソーダの製造も視野にいれて構想を練っていた。当時、人絹やスフの人造繊維製造のための苛性ソーダの需要が拡大し、大日本人造肥料の石川一郎は自分の経営するソーダ事業と競合することに配意していた。その意味で、国家的課題のアルミニウムの企業化を森矗昶にすすめ、藤森龍麿に協力させる構想が進んだのであろう。

藤森龍麿はアルミニウム電解には精通していても、アルミナの製造には自信がなかった。東京で森矗昶と藤森龍麿とが久しぶりに再会したとき、これから苦労することもないと考えて断ったようである。しかし森矗昶の情熱に絆されて遂に引き受けることになった。その条件はアルミナは別の場所で製造して藤森龍麿に供給することになった。それが前述した横浜の日本アルミナ工業所であり、大町の昭和アルミニウム工業所の誕生となるのである。

二人の再会については、木村毅著『白い石炭――森矗昶の人とその事業――』（昭和二十八年一月三十一日発行、四季社）という題名の小説がある。白い石炭とは水力発電所のことである。この小説では冒頭の「歴史的な日」の章に「その十月の或る日、丸ノ内の興業銀行ビルの最上階で二人の男が會合したのを、特に氣になど留めたものは恐らく一人もあるまい。」と昭和七年の話が面白く展開されている。一人は森矗昶の実名で登場し、他の一人は富士辰麿となっている。藤森龍麿を富士辰麿に仕立てて小説風にしたのであろうか。

この『白い石炭』の主題である水力発電所の話としては千曲川上流の四つの発電所が書かれているが、高瀬川の発電所には殆ど触れていない。『白い石炭――森矗昶の人とその事業――』から、なぜ高瀬川の電力開発を欠落させたのであろうか。いずれ続編として高瀬川開発物語でも書く予定でいたのかも知れないが、未完に終わっていることを残念に思った。かつて読んだ『白い石炭』が気にかかり、私は「高瀬川電力開発と森矗昶」のテーマを選んだ。この『安曇野の産業遺産』では、大町市の発展に尽力した森矗昶に光を当てることにした。

いよいよ二度目の大町での仕事が始まった。昭和八年（一九三三）三月二十一日に昭和アルミニウム工業所の地鎮祭、五月十二日に工場の地鎮祭が行われた。当時、大町町長・平林秀吾や地元選出の県会議員・平林伍鹿などが工場誘致に積極的であり、高瀬川の河原、十万坪（約三十三万平方メートル）を無償提供することに尽力した。

アルミニウム電解の専門家・藤森龍麿は昭和八年六月に昭和アルミニウム工業所に所属した。また、前述したアルミナ技術の専門家・岡沢鶴治は横浜の日本アルミナ工業所に昭和七年十二月、理化学研究所から転勤して陣容が整っていた。横浜のアルミナ工場は横浜市営の埋立地、二万三千坪を坪単価三十六万円で森矗昶が購入して工場建設を進めた。未知への挑戦、アルミニウムの国産化、日本の原料と独自の技術によって企業化へ出発した。大町の電解工場の昭和アルミニウム工業所と横浜のアルミナ工場の日本アルミナ工業所の二つの企業はともに森矗昶の個人経営の日本沃度会社の傘下とし、背水の陣でのぞみ、自己責任を明確にした。それは企業家として立派な姿勢であった。なお、横浜のアルミナ関係のことは割愛して、ここでは大町を中心に記述する。

さて大町の電解工場を藤森龍麿が設計し、倉庫・電解工場・変電所・事務所・分析室・修理工場・浴室など六月には完成した。電解工場には電気炉三十八個を三列に、合計百十四個が据え付けられた。電流は一万二千アンペアで、かつて藤森龍麿が約十年前に大町の日本軽銀製造・信州工場で体験した実験炉と比較して、四倍の工場設備となった。アルミニウムを年産二千七百トンの計画であった。電気炉は既焼成陽極炉の多極式で、炭素陽極の断面が一二インチ（約三十センチメートル）四方の炭素棒を八本が吊るされていた。回転変流機は日立製作所であり、二百五十ボルト、六千アンペアを五台であった。電解炉は石井鉄工所が担当した。

横浜の日本アルミナ工業所の米村貞雄を中心に岡沢鶴治などが努力したが、アルミナ生産が進まず難産であった。大町の電解工場にアルミナが届くようになったのは、昭和八年十二月であった。

昭和アルミニウム工業所を日本沃度㈱大町工場と改称
日本電気工業を経て昭和電工・大町工場（昭和９年頃）

昭和10年・1935年頃のアルミニウム電解精錬中の大町工場

大町の昭和アルミニウム工業所で、待望の国産アルミニウムの誕生に向けて、電気炉に通電されたのは、昭和九年一月十日であった。藤森龍麿を中心に渡辺、野口など数少ない技術者によって、作業は進められた。『昭和電工アルミニウム五十年史』には次のように記されている。

「このため予期しない現象や事故が操業早々から頻発している。スタートの翌十一日夕刻、初の製品が自動タップをした炉の取り鍋から出たが、これもたまたま炉を破って飛び出してきた一塊で、正規の工程を経て生産されたものではなかった。」と最初の難産を記録している。その翌日の一月十二日の工場日誌の記録に残るアルミニウム五kgを福島銑三が上野駅まで運び、それを森矗昶が駅頭で受け取って福島県の広田工場で東久邇宮殿下にお目にかけたことは前述した通りである。

藤森龍麿と森矗昶とが大正末期に最初に出会ったときと、昭和九年の国産アルミニウムの成功との二つの出来事には、それぞれに今日の大町市を形成・発展させた水力発電エネルギーに支えられていた。

アルミニウム電解炉
（大町エネルギー博物館）

「電気の原料化」を推進した昭和電工

昭和アルミニウム工業所は、その成功によって、すぐに日本沃度に合併されて日本沃度・大町工場となった。同様に日本アルミナ工業所は日本沃度・横浜工場にした。そして昭和九年三月十日に日本沃度を日本電気工業株式会社と改称し、五月には増資して資本金一千二百万円の会社に成長した。この年の七月十二日に、洪水のため高瀬川の堤防が決壊して、工場の一部が浸水するなど大きな被害を受けた。電解工場は浸水したが、電解炉は高く据え付けられていたので被害を免れた。十二時間以上もの停電による電解炉の復旧方法の経験がなく、直流電源を定格の二倍の五百ボルトにして、二日ほどで復旧に成功したといわれる。

その頃の日本電気工業・大町工場ではアルミニウム精錬とともに自給炭素電極の製造を拡張した。年表によれば、昭和十年十二月十三日「人造黒鉛電極初製品誕生」、昭和十一年八月八日「人造黒鉛電極初出荷」、十二月「黒鉛電極商標制定、人造黒鉛電極を富士印（F）、天然黒鉛電極を桜印（S—0）（S—Ⅰ）（S—Ⅱ）」と記録されている。今日、原子力発電所の制御棒として役立っている人造黒鉛電極の製造技術は、そのとき芽生えた延長線上の技術かも知れない。

昭和十二年の支那事変勃発などの時代の要請の中で、日本電気工業の技術開発は急務の課題であった。当時、四十歳の岡沢鶴治が開発した特許「化合水の含有量大なるボーキサイトよりアルミナを製造する方法」（特許番号一五三九七〇）の不焙焼法は常識を破った独自の技術であった。この特許は戦時中の軍の命令で各社に無償で実施権が与えられた。大町工場の増設、増産が次第に加速されていった。大町工場の功労者・藤森龍麿は昭和十二年十二月ごろ大町を後にした。そのとき四十七歳であり、日本電気工業や昭和電工取締役をつとめ、昭和五十一年（一九七六）に東京の自宅で八十六歳の生涯を閉じた。藤森龍麿は生涯の前半に大町の発展に貢献したといってよい。

昭和十三年には自前の水力発電所、常盤発電所（出力一万百kW）と広津発電所（出力一万八千三百kW）が東信電気との連携協力によって計画された。前者は十三年五月に着工して十四年四月に完成、後者は十三年六月に着工して十四年十二月に完成した。常盤発電所の放水を利用し、十一キロメートルの水路を経て犀川左岸の生坂村に広津発電所を建設した。今日、犀川水系には東京電力の水力発電所が多く点在しているが、広津発電所が昭和電工の水力発電所であることは余り知られていない。これらの発電所は昭和十六年の日本発送電へ電力統合されるとき、東信電気から昭和電工に譲渡された。

この時期は日本の航空機産業の急務のときであった。大町工場のアルミニウム生産量は昭和九年に五百八十八トン、昭和十年に二千五百二十二トン、昭和十一年に三千二百四十一トン、昭和十二年に五千五百九十五トン、昭和十三年に六千七百八十トンと急激に推移していた。

自前の発電所について、ついでに触れれば、敗戦後の昭和二十六年ごろに青木発電所が計画された。鹿島槍ヶ岳から流れ出る鹿島川の水を上流で取水して青木湖に落とす自前の発電所である。昭和二十九年四月に最大出力九千二百kWが完成した。この水は常盤発電所や広津発電所に有効利用されている。これらは森矗昶の「電気の原料化」事業の経営哲学を今日も継承しているからであろう。

さて、昭和十四年（一九三九）三月十六日に昭和肥料と日本電気工業とが臨時株主総会において合併契約をそれぞれ承認した。昭和電工設立事務所を東京市京橋区室町一丁目の味の素ビル内に設置、設立委員に日本電気工業は森矗昶（社長）・高田儀三郎（副社長）、昭和肥料は高橋保（専務）・浦山助太郎（監査役）を選出した。四人の互選によって設立委員長に森矗昶が決まった。六月一日に味の素ビルにおいて昭和電工の設立総会が開かれ、昭和電工が誕生した。

事業内容の目的はアルミニウム、硫安、石灰窒素、塩素酸カリ、塩素酸ソーダ、ヨード、炭素・黒鉛電極、フェロクロム、研摩材などの製造販売であった。資本金一億一千万円、従業員数は九千六百人。取締役社長・森矗昶、取締役副社長・高橋保、専務取締役高田儀三郎、常務取締役・佐野精一、取締役・石坂泰三などであった。なお、技術部

鈴木三郎助（第二代）

鈴木忠治

門の取締役を特記すれば、アルミニウム部長・羽塚広通、肥料薬品部長・横山武一、電炉電極部長・米村貞雄、アルミナ部長・藤森龍麿が取締役に記録されている。

昭和電工の経営が順調に進んでいる時期に、戦時体制が一段と進み国家総動員法が発動され国家統制が強化された。昭和十五年七月、国策会社・日本肥料株式会社が設立され、その理事長に森矗昶が推挙された。その要請を固辞したが、国家の一大事に理事長に就任した。

したがって、昭和電工相談役・鈴木忠治に第二代社長を託することになった。当時、六十五歳の鈴木忠治は鈴木三郎助（第二代）の実弟であった。鈴木製薬所を興し、明治四十一年に味の素の企業化を進め鈴木商店の専務として兄・三郎助を補佐した。昭和六年の兄・三郎助の死去のあと、味の素本舗鈴木商店社長、東信電気社長、昭和肥料会長を務めた人物である。五十五歳の森矗昶にとっては、それまでの大事業をともに進めてきた大先輩であった。その社長交代のとき、東信電気の創設のころから一緒に仕事をしてきた高橋保も副社長を引退した。

その日は昭和十五年（一九四〇）八月二十日であった。『森矗昶所論集』や『昭和電工五十年史』には、当日の「森社長退任挨拶」と「鈴木社長就任挨拶」が収録されている。ともに感銘深いものであるが、ここでは割愛する。

その年の九月、アルミニウム生産の拡大のための国策会社・帝国アルミニウム統制株式会社が設立された。それまでの実績から森矗昶は懇望され初代社長となった。政府からは営利事業でないことを理由に法規上も兼任を認められ、日本肥料会社と帝国アルミニウム統制会社の二つの責務に多忙を極めた。十二月には、かつて苦労して開発したアルミニウム電気精錬・大町工場やアルミナ製造・横浜工場の独自技術を、業界に広く公開することも勧告した。

その年、昭和十五年十二月下旬から十六年一月上旬まで、森矗昶は台湾総督・長谷川清から招待を受け、台湾および華南（中国の福建・広東）の産業政策の懇談や視察をした。そして福建や広東の視察旅行を終えて一月十一日に帰国した。

旅行中から健康を害していたが、一月十五日には、鈴木忠治（昭和電工社長）の五男・鈴木治雄の結婚式に媒酌人として出席した。その後、流行性感冒から肺炎を併発し、入院加療して二月十四日に退院、自宅で静養につとめた。しかし、三月一日に五十六歳の生涯を終えた。

森　矗昶

ここまで私は、その実名や年月日などとともに史実を正確に、多くの参考文献を使って記述してきた。それは今後の歴史研究の史料的価値を考慮したからである。その他に森矗昶をモデルにした小説、城山三郎著『男たちの好日』（昭和五十六年一月七日発行、日本経済新聞社）がある。城山三郎は東信電気・日本電気工業・昭和肥料・昭和電工を一括して日本電産とし、森矗昶が青年時代に経営した総房水産を総武沃度（会社）、阿賀野川の発電所を北上川などに仕立てている。

登場人物は牧という男が森矗昶、辻本が藤森龍麿、玉岡が高橋保、

生家の近くに建設した興津工場と対岸の天道岬の風景

杉井市兵衛が鈴木三郎助（第二代）などに対応するフィクションを面白く展開している。所詮は小説であり史料的価値はないが、作者・城山三郎が太平洋戦争をみる眼目の中に「日本の柱とならん」の人物の代表として「牧という男」を選んでいることが窺われる。

それとは別に、私が注目しているのは、森矗昶が世を去ってから九カ月後の昭和十六年十二月八日に、大東亜戦争・太平洋戦争が始まった史実である。その歴史的事実に照らしても、森矗昶に対する正しい再評価が、技術史の視点から今日において必要であると考えている。

そのことに関連して、『森矗昶所論集』の中に「父を語る――森矗昶の人とその事業」として、森暁（長男・日本冶金工業社長）の文章が収録されている。その末尾の数行を原文のまま、次に引用しておきたい。

「『森矗昶がいなかったら、日本は大東亜戦争をやれなかった』という言葉が、ある時には父を賞賛して語られ、またある時には父を非難する言葉で語られた。どちらもそのとおりで止むを得ない。しかし父は大体は、備えあれば憂いなし、という主義の平和論者で、その点は親しくしていた海軍の永野、大角、小林、高橋というような将星と全く同意見であった。地下の森矗昶はおそらく『俺に戦争責任はない。俺は電気の原料化をやっただけだ』というだろう。」と結んでいる。

その後の敗戦前の昭和電工の経営について、陸海軍や商工省などの監督下におかれたが、原料や労働力などの不足とともに生産は悪化の一途をたどった。昭和十五年以来すでに五年間も社長をつとめた鈴木忠治は七十歳を迎えていた。昭和二十年五月二日に鈴木忠治は社長を引退して、昭和電工・第三代社長に森暁（さとる）（矗昶の長男）が就任した。会長に鈴木三郎助（第三代）、相談役に鈴木忠治、専務に米村貞雄と安西正夫、常務に渡瀬完三と鈴木治雄などの新体制で臨んだが、日増しにアメリカ爆撃機の日本攻撃は激化した。工場被害では川崎工場、興津工場（かつて総房水産・清海工場）など壊滅的打撃を受けて、昭和二十年八月十五日の敗戦の日を迎えた。

表題に掲げた「高瀬川電力開発と森矗昶」では、大正末期から昭和二十年までの技術史の一断面として、大町を中心に記述してきた。次項から「森矗昶の故郷・房総」と「信州・佐久から大町へ」を少し補足しておきたい。

守谷海岸の岸壁や波間に海藻「かじめ」が見える。対岸は犬ヶ岬（えんがさき）（2006年5月30日著者撮影）

森矗昶の故郷・房総

森矗昶の故郷である守谷海岸とその隣の興津港・興津海岸を二〇〇六年の新緑の季節に訪ねてみた。その海岸は天道岬によって二分され、風光明媚なところである。今日では守谷海水浴場、興津海水浴場として有名であり、南房総国定公園に指定されている。私はＪＲ外房線に乗って、上総興津（かずさおきつ）駅に下車した。駅前から真っすぐ二百メートルほど歩いて興津海岸や興津港を眺めた。その後、海岸から少し離れた道路を歩きトンネルを抜けて守谷海岸の守谷洞窟に立ち寄った。岸壁や波間に浮かぶ海藻・かじめを見ることができた。守谷洞窟から対岸の犬ヶ岬の方向へ浜辺を歩き、森矗昶の生地を訪ねた。

浜辺から百五十メートルほど離れた所に生家の跡地があった。かつての大邸宅も今は大きな門柱と石垣を残すだけである。すぐ近くの日本冶金工業の工場跡地も海水浴客の自動車駐車場に変貌している。時の流れを感じながら、生家跡から五百メートルほど離れた森家の菩提寺・本寿寺へ向かった。その寺は日蓮宗の長福山・本寿寺という立派な寺である。本堂の左手の山際の墓地に、森矗昶は静かに眠っている。

記録によれば、かつて敗戦前からあった墓誌には「大成院殿興道矗昶日隆大居士之墓誌」とあり、「大正昭和二世ヲ貫キ日本ガ有シタル熱誠憂國ノ事業家森矗昶君此ノ所ニ眠ル」と刻まれていた。それに続いて、「明治十七年十月二十一日千葉縣興津町ニ爲吉君ノ長男トシテ生ル少壮産業報國ニ志シ總房水産、東信電気、昭和電工、昭和鑛業、日本火工、昭和火薬、森興業、大江山ニッケル工業、日本肥料帝國アルミニウム統制ノ諸會社ヲ統理シ國産アルミニウム生産ノ嚆矢タリ衆議院議員ニ擧ゲラレル、コト四次紀元二千六百年ニ當リ勳四等ニ敍セラル是レ實業家トシテ最高ノ殊遇ナリ昭和十六年三月一日東京市麹町區紀尾井町ノ邸ニ歿スルヤ従五位ニ敍セラレル　行年五十八　時ニ新東亜建設ノ聖業錯節ヲ極メ日米ノ風雲太平洋上ニ急ナラントスル時ナリ　嗣子　森曉　誌」と全文が刻まれていたことが、『森矗昶所論集』（昭和五十九年十月発行、昭和電工株式会社）の口絵写真から窺われる。すでに七十余年の歳月を経た今、それは見当たらない。

本寿寺の渡辺玄正・住職に直接お目にかかって面談することができた。敗戦前に造られた墓誌の存在は住職も記憶にないとのことであった。昭和五十九年（一九八四）の森矗昶生誕百年記念に墓地の手前右側に立派な顕彰碑が建立された。顕彰碑の表面には森矗昶の筆跡で「不撓不屈　矗昶書」と刻まれている。大石の裏面の左端に「この石は信州大町市高瀬川渓谷の翁が建設した発電所側で掘り出したものである。」と刻まれていた。恐らく、前述の墓誌に代えて立派な顕彰碑が建立されたのであろう。

高瀬川渓谷から運ばれた大石は、私の目測では最大幅が約三・五メートル、高さが約二メートル、奥行が約一・五メートルである。その重量は二十トン程もあろうか。碑文の長い文章を丁寧に読んでみたが、高瀬川電力開発について具体的に記述されていなかった。信州・大町市と房州・守谷（現、勝浦市）を繋ぐものは高瀬川渓谷の大石に象徴されている。その大石に、森矗昶の人生観「不撓不屈」の四文字、心が堅く困難に屈しなかった生涯を深く刻み、高瀬川電力開発も顕彰していると思った。大石の感触から、大町市と勝浦市とが山と海との姉妹都市になればよいとも思った。高瀬川に東京電力のロックフィル式高瀬ダムと新高瀬川発電所などが完成したのは昭和五十四年（一九七九）であり、その五年後の昭和五十九年、森矗昶の生誕百年を記念して顕彰碑が建立されたのである。

ついでに、顕彰碑「不撓不屈」の背面に刻まれた「森矗昶翁顕彰碑」の碑文を改めて読み返した。昭和電工株式会社取締役会長・鈴木治雄（前述したように結婚式の仲人は森矗昶）が自ら長い文章で業績を称えている。その碑文は史料的価値をもつと思うので、その全文を記録しておきたい。

「昭和電工㈱などの創業者である森矗昶翁は、明治十七年夷隅郡清海村守谷に生まれた。高等小学校卒業後母が急逝のため進学を断念し、父と図って「かじめ」を原料としてヨード製造を計画、この地に工場を建設して事業家としての道に踏み出したのである。このとき着手した仕事こそ、後にわが国産業史に数多く残すことになる翁が開発した事業の、母とも故郷とも言えるのである。三十八年隣村総野村山口いぬ女と結婚し、家庭の基盤を確立した。翁の生涯における事業は、四段階の発展過程を辿るがその初期は、開始後順調だった事業が日露戦争後の不況に遭い、それを同業者糾合による総房水産㈱設立によって切り抜け、世界大戦による好況に沸いたが、戦後を襲った深刻な不況に耐えられず、東信電気㈱に合併することが出来て危機を脱するという、栄枯と試練の時代であった。つづいて東信電気時代になるが、同社はそれまで常に翁の事業上の競合者である、「味の素」の鈴木三郎助翁傘下の企業であったが、

森矗昶翁顕彰碑「不撓不屈」勝浦市守谷の本寿寺

翁の日頃の真摯な経営姿勢が、三郎助翁の度量によって容れられたもので、このときの出会に始まる二人の提携は、翁の一生を通じて深く影響するところとなり、また翁が、長野県下の同社の発電事業建設部長に就いたことは、電気化学事業と掛かり合うきっかけをつくることにもなった。翁は発電事業に尽力の傍ら、大正十五年日本沃度㈱を設立し、かつての合併で救われた総房水産の事業を、三郎助翁の深い理解と配慮によって譲り受け、独立した事業を再開した。このときから昭和電工設立に至る事業展開は、筆舌に尽くせぬ苦労を伴いながらも、翁が事業家として真価を発揮し、最も飛躍を遂げる時代になるのである。先づ翁は三郎助翁と図り、東信電気の電力有効利用のため、昭和三年昭和肥料㈱を設立し、電力の原料化という新しい構想と、また水準の低い国内技術国産機械を活用して化学肥料製造を計画した。産業界はその無謀をあざ笑い、機械メーカーは製作をためらう中で、困難を克服して初志を貫徹、六年四月純国産の硫安製造に成功した。この成功は単に肥料製造だけでなく国内産業の広い分野にわたって自信を与え、急速な進歩を促す引金にもなった。つづいて八年アルミニウム精錬事業を決断した。翁は既に大正末期より、何人も手を染めようとしなかったこの事業を、心中密かに考えていたが、時代の要請に手を拱いていることが出来なくなったのである。この計画もまた、技術設備は勿論、原料まで国内鉱石を使用しようとする、世界でその後にその先に例のない計画であった。翁は不首尾の場合の企業の存立を憂慮して、翁個人名儀の事業として発足した。模索と失敗を重ね、翁自ら陣頭指揮をすること一年、遂に翌年一月わが国初の大事業は、白銀の光も眩しく見事に開花した。感激の声は朝野に沸き、この成功を見てアルミニウム精錬を志す企業が後につづいた。翁はこの他、特殊な金属類や窒素製品など電気化学製品の工業化を数多く成功させ、それらの企業化のため、日本冶金工業㈱など後の一流企業を含めて関連会社が急増した。このため、企業活動の充実強化を図り、事業の中心であった昭和肥料と日本電気工業（旧日本沃度）を合併、十四年六月昭和電工㈱を設立して社長に就任したが、同社の事業は、国家的に重大さをいや増すに至った。とき恰も戦時色濃く、各種統制令施行のため、十五年国策会社日本肥料㈱帝国アルミニウム統制㈱が設立されたが、翁はそれぞれ初代理事長、初代社長に任命された。報国の念厚い翁は、任務は公正無私なるべしと私企業の役職一切を退くことを決め、事業家として四十年、その集大成とも言える昭和電工の社長を退き、新しい任務に着いたのである。一方翁は大正十三年郷土の人々に勧められて衆議院議員に選出され、以来連続して活動をつづけていたが、事業家として畢生の大事業を成して産業報国の実をあげようと決心し、昭和七年四回目の当選を最後に政界を退き、事業一筋の道に着いて産業の隆盛に尽力したのである。国内情勢は暗く、国際間一触即発の緊張が漲る十六年を迎えて旬日、翁は病に倒れ以来療養をつづけていたが、三月一日病状俄に改まり、翁を敬慕する多くの人々の祈りも空しく、活躍盛りの五十六歳を一期として忽然と世を去った。大輪の命短く、惜しんでもなお余りあることである。葬儀は希に見る盛儀で、翁の足跡の大きさと、哀惜の深さを示した。翁は家にあっては六男三女の子に恵まれ、二子は若くして永眠したが、翁の旺盛なる気慨は子女に受け継がれ、それぞれ国家社会において大成し、また優れた内助の功を発揮している。長男暁は衆議院議員、昭和電工、日本冶金工業社長を歴任、長女満江は昭和電工社長安西正夫に嫁し、四男清衆議院議員、国務大臣、次女睦子内閣総理大臣三木武夫に嫁ぎ、五男美秀は衆議院議員、国務大臣、六男禄郎会社役員、三女三重子は三重県知事、衆議院議員歴任の田中覚に嫁いでいる。思うに、翁は事業推進に伴う艱難辛苦有為転変の間に間に、幼きより諭された日蓮聖人の「われ日本の柱とならん」の教えの道を、輸入品国産化による産業報国に見出し、内には固く「不撓不屈」を銘として自ら戒め、また厳しさと豪放さの奥に、熱い温情を秘めて人々を統率し、燃えさかる炎の事業家として生涯を貫き通したのである。大東亜戦争終って既に四十年、今日わが国の産業は世界の注視の中で、百花繚乱の発展の様は昔日の比ではないが、翁が残した偉業は、いまもなお、その基盤として生きつづけており、永遠に語り継がれてゆくものと信ずる。茲に翁生誕百年に当り、その遺徳を顕彰するとともに、御霊の安らかならんことを祈り、この碑を建立した。　昭和五十九年十月二十一日　昭和電工株式会社取締役会長　鈴木治雄」と二千字を超える長文の碑文が刻まれている。

これを再読しながら、森矗昶が死去する四年前の五十三歳の昭和十二年八月に、森矗昶自身が書いた「捨身主義」という論稿を思い出した。その冒頭の文章で次のように述べているので、そのまま史料として引用しておきたい。

「私は年少時代を千葉の漁村で過ごしたが、そのことは、今日いろいろの意味で私の事業関係に役だっている。中でも、私の事業哲学ともいうべき捨身の精神は、実にこの漁村の生活から学び得たところのものといわなければならない。『板子一枚下は地獄』とか、『板子一枚が命の親』とかいう言葉がある。漁師の生活から出た言葉だ。彼らは朝櫓を漕いで大洋に乗り出す時、決して生還を期してはいない。死ぬ覚悟で乗り出していく。それは全く、武士が戦場に赴く心意気と同じであって、つまり捨身である。」と述べている。

房総半島の守谷海岸の荒波を眺めて育った少年時代の体験や思い出が背景にあろう。それとともに、その文章は昭和十二年、支那事変・日中戦争勃発の年という時代性もあると思われる。その年に私は信州の小学校に入学したので、その時代性の印象を強く感じたのかも知れない。ここで改めて、森矗昶の年譜にそって、その故郷・房総の足跡を辿っておきたい。

森矗昶は明治十七年（一八八四）十月二十一日、千葉県夷隅郡守谷村（のちに清海村、興津町を経て、現在は勝浦市守谷）に生まれた。父親・為吉と母親・満都との長男であった。為吉は漢学を深く学んでいたためか、息子の名前に「矗昶」という難しい漢字を使った。「矗」は檜や杉の木が天に向かった真っすぐ伸びる姿であり、矗々（しゅくしゅく）と形容するので、森という文字とのバランスを考えたようである。「昶」は日と永いとから、よく伸びることを意味している。この字のように、森矗昶は太平洋の光と潮風を浴びてスクスクと育ったのであろう。

房総半島が太平洋に面する外房の中程、勝浦から小湊の間に興津港がある。その隣に守谷という集落があるが、そこが森矗昶の生まれ故郷であった。先祖は織田信長の家来筋で、江戸時代末期には庄屋もつとめた旧家である。網元で漁船を持ち、鮪や鰤の生魚から鰹節や干鰯などの仲買の商いもしていたようである。

徳冨蘆花著『自然と人生』の一節に「……海藻を満載した舟、氷を分けて川を溯り来り、岸上の農夫と價を論じて海藻を売る。此は麦の肥料にするなり。一舟の價三四十銭」と記されているように、海藻・かじめの利用法は、当時は農業用の肥料であった。一舟の海藻・かじめが三十銭か四十銭というから今日の金額に換算して、三千円か四千円であろう。その海藻・かじめを加工して、新しい付加価値をつけてヨード・沃度製造の工場経営に踏み出すのは約十年後のことであった。

森矗昶は父に似て無口であった。祖母は地元の日蓮の信仰に厚く、孫に対して「われ日本の柱とならん。われ日本の眼目とならん。われ日本の大船とならん」と折に触れて口にしていた。その「三つ子の魂」が事業家の真髄になったのかも知れない。

明治二十三年（一八九〇）、六歳で興津尋常小学校に入学した。当時は尋常小学校が四年間、高等小学校が四年間の時代であった。興津には高等小学校がなく、勝浦高等小学校に明治二十七年に入学、二年後に興津高等小学校に転入して、明治三十一年に卒業した。千葉県立中学校に進学を夢みていたが、明治三十一年に母・満都が死去したので進学を断念した。三年ほど前に父・為吉が始めていた「かじめ」焼きの事業を手伝うことになった。翌、明治三十四年、十七歳のときに勝浦の池平平蔵が経営する粗製沃度工場に実習見習いに弟子入りした。半年間ほどの見習いのあと、父親を説得して自宅に沃度工場を創設した。日露戦争が勃発した明治三十七年、二十歳のとき徴兵検査・乙種合格となり、工場経営に専念した。翌年に近隣の山口清治の長女・いぬと結婚、明治四十年に長男・暁が生まれた。明治四十一年には上総一帯の零細な沃度工場に呼びかけて、総房水産株式会社を設立した。資本金五万円、社長・森為吉、専務・安西直一、営業部長・森矗昶であったが、会社経営の実務は森矗昶の双肩にかかっていた。

当時、房総半島の沃度工場について、館山周辺の安房地方には味の素・鈴木商店系列の工場が幾つかあり、海藻・かじめをめぐって原料の争奪戦が上総一帯に展開されていた。その決戦に備えて総房水産は設立されたのであろう。その時期から森矗昶と鈴木三郎助との運命的な出会いがあり、その後の事業経営に大きな影響を受けたのである。

ちなみに、鈴木商店（鈴木製薬所のちに味の素）の沃度事業について少し補足しておきたい。神奈川県葉山で穀物や酒類の小売店「滝屋」を経営していた鈴木三郎助・初代は明治八年十二月に流行のチフスのため三十五歳の若さで急逝した。その未亡人・ナカは二十九歳で「滝屋」の経営を継続した。長男・泰助（のちに第二代・三郎助）は八歳、次男・忠治は一歳であった。その母親の苦労が偲ばれるが、明治二十一年（一八八八）ごろ、葉山の家に間借りしていた大日本製薬の青年技師・村田春齢から、海藻を原料に沃度をつくることを教わって、母親・ナカと嫁・テル（二代・三郎助の妻）と忠治などが協力して企業化したといわれる。次第に発展、原料を求めて、三浦半島から房総半島の館山に沃度工場（鈴木製薬所）を進出していった。

一方、調味料・味の素の原料として、海藻の昆布より小麦粉の方がよいと次第に分かってきた。池田菊苗（東京大

房総・興津海岸の海藻・かじめ収集風景

総房水産株式会社の清海工場

学教授・理学博士）の発明特許をもとに明治四十一年（一九〇八）から鈴木三郎助が企業化を開始した。鈴木商店では味の素の製造販売が軌道に乗ってきた。沃度は国際的に生産過剰な時代となり、グルタミン酸ソーダの味の素の製造のため電気化学工業に主力をおく時期を迎えていた。森矗昶が二十七歳の明治四十四年、鈴木三郎助と相談の結果、総房水産と安房水産（千葉・館山工場、鈴木製薬所の経営、資本金二万五千円）を合併して資本金七万五千円の会社に発展した。

その後、第一次世界大戦となり沃度事業で多大の利益を得て、大正五年には守谷の自宅を新築することもできた。しかし大戦後、森矗昶の沃度事業は壊滅的打撃を受け、総房水産の経営に苦慮していた。そのとき大正八年（一九一九）、鈴木三郎助が自分の経営する東信電気に総房水産を吸収合併して苦境を助けた。森矗昶は東信電気の取締役・水産部長に迎えられたが、間もなく千曲川上流に計画中の水力発電所建設の建設部長となって信州へ赴くことになった。

信州・佐久から大町へ

千曲川上流の南佐久に発電所開発のための水利権は長野電灯が押さえていた。鈴木商店では、沃度や塩素酸カリや味の素などの電気化学工業のために、自家用の発電所を必要としていた。すでに大正六年に系列会社・東信電気を資本金三百万円で設立していた。そのことに関連して『味の素株式会社　社史』（昭和四十六年六月十七日発行、味の素株式会社）には次のように記録されているので、そのまま引用しておきたい。

「鈴木三郎助が電気化学工業への進出を真剣に検討するようになったのは、大正五年の春頃のことで、この構想は急速に実現した。彼はこの事業について日頃昵懇の大橋新太郎と発電機メーカーの株式会社芝浦製作所（のちの東芝）

の経営者である岸敬二郎に相談したところ、二人とも賛成して、岸敬二郎は長野電灯株式会社（大正四年設立資本金五百万円）の取締役小坂順造と取締役兼技師長の高橋保の二人を紹介した。三郎助と忠治は長野県に赴いて長野電灯を訪ね、同社が東京に比較的近い千曲川上流の南佐久地方に、未開拓の四つの隣接する水利権をもっていることを聞くと、さっそくそれらの譲渡を申し入れた。長野電灯側は、彼らがこの事業に参加することを条件に三郎助の要請に快諾した。そこで大正五年六月、三郎助は東信電化工業株式会社（のちに一時、東信電化株式会社と改称）という会社の設立計画を立て、とりあえず河川利用の件は長野県知事に出願し、十一月に許可を得た。同社は鈴木三郎助、忠治兄弟、大橋新太郎、小坂順造、高橋保らが発起人となり、千曲川筋に四つの発電所を建設し、発生電力を利用して電化製品（塩素酸カリ）および電炉工業（砂鉄精錬）を行なうという趣旨のものであった。」と記している。

当時、鈴木三郎助と忠治との兄弟が信州に出向いた状況を知るのに長い引用をしてきた。ここに登場する人物のうち、信州の電力事業にかかわった人を少し補足しておきたい。岸敬二郎は東京大学を卒業後、芝浦製作所に入社した。技術部長を経て明治四十三年取締役、大正時代を通じて同社の最高スタッフとして活躍した。明治三十六年、須坂に建設した信濃電気・米子発電所（私が一九八〇年に現地を調査した当時、発電所の痕跡と水圧鉄管などが残っていた）などに関係した。小坂順造は信濃毎日新聞社社長であり、衆議院議員でもあった。高橋保については、すでに書いてきたが、このとき以来から鈴木三郎助の電気事業に協力し、東信電気によって森矗昶との出会いがあり、一緒に昭和電工の基礎を築いた。のちの昭和十五年（一九四〇）に森矗昶が昭和電工社長を退任するとき、高橋保は副社長を引退したことも前述した。

さて、三十五歳の森矗昶が東信電気の水産部長から発電所の建設部長になって佐久へ赴任したのは大正八年九月であった。前任者の建設部長は大学の土木工学科出身であったが、地元民とのトラブルや作業員の扱いが下手で工事が

東京電力・土村（どむら）第一発電所
（大正８年12月建設、当時は東信電気）

東信電気・小海工場（のちに日本電気工業）

手間取っていた。それを心配していた鈴木三郎助は森矗昶の男を見込んで建設部長を交替させたのであった。佐久の羽黒下に常駐して、現地の情報を得て、発電所の工事が遅れている原因を解決した。地元の実力者、黒沢陸之助に会って協力も求めた。佐久の小海地区に塩素酸カリの工場を建設して、地元の電力によって電気化学工場をつくることも考えた。

大正八年（一九一九）十二月に土村第一発電所（出力六千kW）を完成した。大正九年一月に土村第二発電所（出力二千kW）を完成、十一月から東信電気・小海工場で塩素酸カリの生産を開始した。大正十年一月に箕輪発電所（出力四千七百kW）、三月に土村第三発電所（出力一千二百kW）を完成した。この年の八月、小海工場で電解鉄（銑鉄）の生産を開始した。

このように森矗昶は大正八年九月から十年三月まで、約一年半の間に、千曲川上流に四つの発電所建設の陣頭指揮をとった。大正十年五月、東信電気が建設した四つの発電所（土村第一・第二・第三・箕輪）を現物出資して資本金五百万円の子会社・第二東信電気を設立した。これは発電所を有利に売却するための便宜的な新会社であり、東京電灯（明治十六年設立、資本金一億六千六百万円、のちに東京電力）に合併しようと意図したものであった。社長の鈴木三郎助は東京電灯の副社長・若尾璋八と合併交渉をすすめ、大正十年十月に一対一の条件で合併を実現した。その結果、親会社の東信電気は十万株の東京電灯の株式を所有する資産会社となった。同時に発電所がなく、水利権と小海工場や房総の館山工場・興津工場などを持つことになった。

さて東信電気は失った四つの発電所と引き換えに会社の基盤づくりに成功した。味の素系列の鈴木商店から独立した体質の会社に発展させる計画であった。この時期に、大町の高瀬川に目が向けられた。すでに冒頭に書いてきたように、明治水力電気（未開業、資本金三百万円）を有利な条件で東信電気に吸収合併することになった。それによって明治水力電気が着手していた大町の大出発電所（高瀬川第一発電所）の建設を引き継ぐことになった。

森矗昶は故郷・房総から信州の佐久に来て、発電所建設で二つの貴重な体験をした。一つは工事は短期間にやることが経済的であること、他の一つは電気エネルギーの原料化の工場を現地に創設した。その経験が、前述した高瀬川の電力と大町の昭和アルミニウム工業所（のちに昭和電工・大町工場）となり、阿賀野川と新潟県の鹿瀬工場に応用されたといってよい。

以上のように今日の大町市の近代化に貢献した人々のうち、特に森矗昶と藤森龍麿との大正末期の出会いと別れがあった。そして大町での再会と昭和九年（一九三四）の国産初のアルミニウム精錬の成功の史実である。一般に余り知られていない歴史、技術史をみる眼に役立てば幸いである。

参考文献

『味の素株式会社　社史　1』（一九七一年発行、味の素株式会社）
『昭和電工五十年史』（一九七七年発行、昭和電工株式会社）
『昭和電工アルミニウム五十年史』（一九八四年発行、昭和電工株式会社）
『仁科路』第105～106号（二〇〇四年発行、仁科路研究会）
『安曇野に電気が灯って一〇〇年』（二〇〇四年発行、中部電力株式会社）
森矗昶著『森矗昶・捨身主義』（一九三八年発行、金星社）
木村毅著『白い石炭――森矗昶とその事業――』（一九五三年発行、四季社）
石川悌次郎著『鈴木三郎助伝　森矗昶伝』（一九五四年発行、東洋書館）
森矗昶著『森矗昶所論集』（一九八四年発行、昭和電工株式会社）

北野進著『信州のルネサンス』（一九八三年発行、信濃毎日新聞社）
北野進著『信州　独創の軌跡——企業と人と技術文化——』（二〇〇三年発行、信濃毎日新聞社）
北野進「日本のアルミニウム技術史の研究」（『産業考古学』第138号、二〇一〇年発行、産業考古学会）

あとがき

昭和六十二年（一九八七）春から平成元年（一九八九）春まで二年間、私は長野県池田工業高校長をつとめたことがあった。その高校は安曇平の一角、北安曇郡池田町にある。近くに北アルプスの槍ヶ岳を源流とする高瀬川が流れ、有明山を仰ぎ見る場所にあった。

そのころ私は、大町市の仁科神明宮と穂高町の穂高神社とが南北線上に位置していることに気づいていた。それに有明山を加えると正三角形の関係になることを今も不思議に思っている。大昔から安曇平に住んだ人は広大な空間の方位や測量をしていたのであろう。その形跡や文化的価値を随所に発見できる。地元の人々が安曇平と呼ぶ平原は、槍ヶ岳を源流とする梓川の北側、かつての南・北安曇郡のことであった。

約半世紀前、臼井吉見著『安曇野』が発刊された。観光ブームも手伝って、「安曇野」という看板が安曇平の風景を壊すような時代になったきた。私は、長い間、『安曇野』の功罪を問う仕事を続けてきた。その手始めが『安曇と碌山―鋳金真髄・山本安曇―』（一九八二年初版、一九九八年増補版発行、出版安曇野）であった。臼井吉見は山本安曇について何を書いているのであろうか。『安曇野』第五部の622ページに次のように記している。

「一方、伊藤美術鋳造研究所の伊藤忠雄が、山本安曇との関係で、進んで、碌山友の会に入会し、助力の手をさしのべてくれることになった。山本安曇は穂高の出身で、美術学校の鋳金科を出て、帝展審査員になった人。敗戦直前、夫人とともに、防空壕内で横死した。碌山より六年の後輩であり、碌山をよく知る人であった。伊藤忠雄は、安曇の後輩で、彼に師事した関係上、安曇夫人の穂高の生家に、たびたび来泊したことがある。」とだけ書いている。

この『安曇野』の記述では、史実と文化財の真価を何も伝えていない。伊藤忠雄が碌山美術館の「女」のブロンズ像を鋳造した申し訳かも知れないが、「碌山作　安曇鋳」の別物をつくり、史実と無関係のものを文化財と認めてよい訳がない。私が「まえがき」で書いてきた正真正銘の「碌山作　安曇鋳」は東京国立近代美術館に展示されている。それが本物の近代の文化遺産である。

本書『安曇野の産業遺産―技術史展望―』の第一章に拾ケ堰を選んだ理由は、『安曇野』に拾ケ堰の記述がなかったからである。臼井吉見は足尾銅山・田中正造・渡良瀬川などについて詳述しながら、故郷の清流を思い起こさなかった。安曇平を米どころに変えた潅漑用水路の豊かな流れ・命の水の拾ケ堰を一行でもよいから、鉱毒の渡良瀬川と対比して触れてほしかった。詳細は北野進著『安曇野と拾ケ堰』（一九九三年発行、出版安曇野）を参照していただきたい。たまたま二〇〇六年二月、拾ケ堰は日本の「疎水一〇〇選」に選定された。「まえがき」に詳述したように二〇一五年には「世界潅漑施設遺産」に登録され、国際的な評価を得ている。

第二章の時計師・渡辺虎松では江戸時代、安曇野の夜明けに、日本の近代化に向けて歯車式の機械時計を造った史実を紹介した。詳細は北野進著『信州のルネサンス』（一九八三年発行、信濃毎日新聞社）をご一読いただきたい。

第三章でとりあげた明治時代の日本を代表する優れた発明家・臥雲辰致は安曇平の出身であったが、何故か『安曇野』には登場しない。最近の研究によれば、イギリス産業革命の紡績機械と比較して臥雲辰致が発明したガラ紡機のコストは16分の1（一一、二円対〇、七円）であることが指摘されている。詳細は北野進著『増補　臥雲辰致とガラ紡機』（一九九四年初版、二〇一八年増補版発行、アグネ技術センター）を参照。

第四章では日露戦争の時期に中房川の宮城発電所（現、中部電力・宮城第一発電所）が建設され、初めて安曇野の近代化の電気が灯った。当時、設置したドイツ製の水車VOITH（フォイト）と発電機SIEMENS（シーメンス）が今も稼働し、「まえがき」に記述したように世界的な評価を得て百十六歳を迎える。詳細は北野進著『信州　独創の軌跡―企業と人と技術文化―』（二〇〇三年発行、信濃毎日新聞社）を参照。

第五章では千葉県出身の森矗昶（昭和電工・初代社長）が高瀬川の電力開発を推進し、大町市の近代化に貢献した史実を記述した。それは大正時代から敗戦前の時期であり、約百年前から約七十年前の業績である。間もなく歴史の谷間・ブランクとして忘れられる可能性が大きい。それを心配して安曇平の工業都市・大町市と森矗昶について、千葉県に在住する私が、技術史をみる眼で執筆した次第である。なお、「信州の水力発電所の歴史」は『信州　独創の軌跡―企業と人と技術文化―』の第三章に掲載しているので多少参考になると思っている。

本書の発行に当たっては、前述の『臥雲辰致とガラ紡機』アグネ産業考古学シリーズＮｏ．４（一九九四年発行）などの縁でアグネ技術センターにお世話になり心から感謝している。また今日まで長い間、私の研究活動と著述とを静かに支えてくれた妻・弘子（旧姓・小竹）の内助の功が甚大であったことも付記しておきたい。

平成十七年（二〇〇五）十月、安曇平を流れる潅漑用水路・拾ケ堰をめぐる町村、穂高町・堀金村・三郷村・豊科町と明科町とが町村合併して安曇野市が誕生した。その時期から安曇野の本当の文化とは何かを問いながら、とくに技術文化の問題に光を当ててみた。日本現役最古の宮城第一発電所と土橋長兵衛の電気炉製鋼法の発明との関係は全国的に見ても特異な存在である。昭和五十九年（一九八四）十二月には電解鉄・アトミロンの純度九九・九九九％の世界一の超高純度を昭和電工東長原工場で達成、継承されてきた。また高瀬川電力開発と大町市の昭和電工との関係から『安曇野の産業遺産―技術史展望―』が日本のアルミニウム技術史の解明に繋がった。このように産業遺産を具体的に捉え、「人と技術文化」に触れてきた。地方から日本全体の技術史の研究が深まることを期待して止まない。

令和元年・二〇一九年五月一日

北野　進

〔な行〕

〔は行〕

〔ま行〕

〔や行〕

〔ら行〕

〔わ行〕

〔た行〕

事項索引

本書は、『安曇野の近代化遺産―技術史再考―』
（二〇〇七年、近代文藝社刊）を改題し、加筆いたしました。

著者略歴
北野　進（きたの　すすむ）
昭和5年（1930）長野県に生まれる。
旧制・長野県立屋代中学校（現・屋代高校）を経て、昭和26年（1951）東京工業専門学校（現・千葉大学工学部）機械科卒業。
昭和33年以来、長野県の高校に勤務、池田工業高校長を経て岩村田高校長を最後に平成3年3月末退職。長年の研究と著述を継続、技術史研究家、赤十字史研究家。
平成30年（2018）瑞宝小綬章を受章。

主な著書
『日本赤十字社をつくり育てた人々―大給恒と佐野常民―』
（1977年、アンリー・デュナン教育研究所）
『続・日本赤十字社をつくり育てた人々―ジュネーブ条約加盟の前後―』
（1978年、アンリー・デュナン教育研究所）
『安曇と碌山』（1982年初版、1998年増補版、出版安曇野）
『信州のルネサンス』（1983年、信濃毎日新聞社）
『大給恒と赤十字』（1991年、銀河書房）
『安曇野と拾ヶ堰』（1993年、出版安曇野）
『臥雲辰致とガラ紡機』（1994年、アグネ技術センター）
『信州の人と鉄』：編著（1996年、信濃毎日新聞社）
『利根川―人と技術文化―』：編著（1999年、雄山閣）
『日本の産業遺産』Ⅰ Ⅱ巻：分担執筆（2000年、玉川大学出版部）
『信州独創の軌跡―企業と人と技術文化―』（2003年、信濃毎日新聞社）
『赤十字のふるさと―ジュネーブ条約をめぐって―』（2003年、雄山閣）
『安曇野の近代化遺産―技術史再考―』（2007年、近代文藝社）
『碌山と安曇の周辺―美術史の残照―』（2009年、近代文藝社）
『増補　臥雲辰致とガラ紡機』（2018年、アグネ技術センター）

安曇野(あずみの)の産業遺産(さんぎょういさん)――技術史展望(ぎじゅつしてんぼう)――

2019年7月10日　初版 第1刷発行

著　　者　北野　進

発 行 者　島田 保江

発 行 所　株式会社 アグネ技術センター
〒107-0062　東京都港区南青山5-1-25 北村ビル
TEL 03-3409-5329／FAX 03-3409-8237

印刷・製本　株式会社 平河工業社

落丁本・乱丁本はお取替えいたします。
定価は本体カバーに表示してあります。

Printed in Japan, 2019

ISBN 978-4-901496-97-1 C0058